本书由上海文化发展基金会图书出版专项基金资助出版

陕西省社科基金资助项目

唐代北方丝绸之路沿线各民族服饰整理与研究（立项号:13SC040）

丝绸之路沿线民族服饰研究

（唐代）

吕钊 著

东华大学出版社·上海

图书在版编目（CIP）数据

丝绸之路沿线民族服饰研究（唐代）/吕钊著.—上海：
东华大学出版社，2018.11
ISBN 978-7-5669-1500-9

Ⅰ.①丝… Ⅱ.①吕… Ⅲ.①民族服饰—研究—中
国—唐代 Ⅳ.①TS941.742.8

中国版本图书馆CIP数据核字（2018）第261869号

责任编辑 杜亚玲

封面设计 任晓辰

丝绸之路沿线民族服饰研究（唐代）
SICHOU ZHILU YANXIAN MINGZU FUSHI YANJIU（TANGDAI）

吕 钊 著

出 版：东华大学出版社（上海市延安西路1882号，200051）
网 址：http://dhupress.dhu.edu.cn
天猫旗舰店：http://dhdx.tmall.com
营销中心：021-62193056 62373056 62379558
印 刷：上海龙腾印务有限公司
开 本：889 mm×1194 mm 1/16 印张：14.5
字 数：510千字
版 次：2018年11月第1版
印 次：2018年11月第1次印刷
书 号：ISBN 978-7-5669-1500-9
定 价：128.00元

目 录

前　言

　　素有"黄金之路"与"文化之路"之称的丝绸之路，拥有博大精深的文化底蕴和厚重久远的人文内涵，是连接东西方文化的重要纽带，沿线民族在东西方的文化交融中孕育形成了相互独立又相互交融的服饰文化风格。服装既是生活必需品，又与各民族审美心态与原始思维的发端有着直接的渊源，它涉及到历史学、社会学、考古学、民俗学、宗教学等诸多学科。有关古代丝绸之路沿线各民族服饰文化的研究已经颇为丰富，因为这里面涉及了中国、印度、罗马以及两河流域等几个重要的古代文明。1958 年日本原田淑人（HaradaYoshito）著、常任侠译《西域绘画所见服装的研究》，2006 年马东的博士论文《唐代服饰专题研究——以胡汉服饰文化交融为中心》，2008年沈燕的博士论文《回鹘服饰文化研究》等都涉及到丝绸之路中的服饰问题，但主要都集中在局部地区或个别民族上，而以丝绸之路为线索进行服饰文化研究却是从 20 世纪丝绸之路学研究开始的。2007 年包铭新主编的《西域异服——丝绸之路出土古代服饰复原研究》运用美术考古的研究方法，对丝绸之路西域地区出土的部分服饰进行了复原研究。2010 年李肖冰著的《丝绸之路服饰研究》，以时间为线索重点介绍了自先秦以来西域服饰的发展，以新疆出土的服饰文物资料为依据做了大量的临摹和再现工作，使我们对西域地区丝路服饰有了较为深入的了解。2013 年 9 月，习近平主席在访问中亚四国时提出"共同建设丝绸之路经济带"，为丝绸之路的经济文化建设发展创造了新的机遇。2013 年 9 月 27 日，《共建丝绸之路经济带西安宣言》发布，并提出要先从文化交流做起，再次掀起了丝绸之路文化研究的热潮。本课题正是基于以上专家学者的研究基础和时代背景得以展开，以丝绸之路最为繁荣的唐朝时期陆上丝绸之路沿线主要民族的服饰为研究对象，运用设计学的研究方法，进行服饰形象的资料整理和复原图绘制，使这一时期陆上丝绸之路沿线主要民族的服饰能够生动直观地展现出来。

　　服饰文化的历史也与人类活动紧密相联，每一种民族服饰的形成，都源于这个族群的生活之中，因血缘的基础而"约定俗成"，服饰反映着他们的生活环境、生活习惯、民俗风情，甚至是信仰等，因而具有鲜明的民族特征和特色。丝绸之路沿线各个民族服饰有着悠久灿烂的历史，记载着民族的兴衰，凝聚着民族的精魂。其浓艳相宜的色彩、风采独特的款式、华丽雅致的纹样，不仅赋予了服饰一种流动的景致，更展现出各民族独具的审美情趣和浓烈的民族风格。因各民族在共同生活中相互吸纳、相互渗透，使民族服饰呈现出多元化的特点，从而也造就了民族服饰拥有诸多元素的多元格局，同时也反映了丝绸之路沿线诸民族生活的全景风貌。

　　丝绸之路是一条贯穿亚欧几十个国家和地区的漫长之旅，涉及到的民族有上百个，不同的时期又有着不同的演变。而丝绸之路本身也在不断更新和发展，形成了草原丝绸之路、陆上丝绸之路和海上丝绸之路等多种线路，对其沿线服饰文化的研究是一个复杂庞大的工程，本课题选择了丝绸之路最为繁荣的唐朝时期，以陆上丝绸之路沿线主要民族的服饰为对象，进行服饰形象的资料整理和复原图绘制，并加以文字和细节说明，使陆上丝绸之路沿线主要民族的服饰能够生动直观地展现出来。唐太宗统治时期，唐灭突厥，设安西都护府。面对西域残余各部族，唐太宗"以德怀之"，各民族"终无叛逆"。由于实行宽容的民族政策，唐太宗被周边民族尊称为"天可汗"，自此唐朝边患已绝，丝绸之路也迎来了无比繁荣的鼎盛时期，东西方人员往来、文化交流更加便利和频繁，范围更加广阔。而丝绸之路西端欧洲正处在拜占庭时期，西亚的阿拉伯正在崛起，几种文化交融整合，在丝绸之路上形成了多元的服饰文化现象。

　　传统的服饰文化研究多以文字描述居多，即使有图例，也以对实物、史料的临摹为主，画面虽然尊重事实，但是很难反映服饰的整体造型和着装风格。在本课题的研究过程中，试图依据实物资料结合文献的描述，还原一个完整、真实、生动的服饰形象。丝绸之路沿线民族服饰的研究还处于碎片化的阶段，特别是对沿线同一时期服饰形象图像的系统复原本身就是空白。本课题将它们并置在一起进行比较研究，将会形成一种服饰文化研究的新视角。十三个民族九十余幅的复原图片，也会对丝绸之路旅游产品、动画形象、教育教学、文化产业等其他方面的研究和应用，提供人物形象的基础素材参考，并为新的文创产品研发提供理论依据。

　　在课题研究的过程中，课题组遇到了超乎想象的困难。首先是复原距今1200多年前的服装服饰形象缺乏相对准确详实的图像资料，纺织材料非常不容易保存，实物流传非常稀少，沿线的许多民族随着历史的发展已经消亡散落，其民族服饰已很难考证，需要通过一些蛛丝马迹去分析还原，有些细节需要推断和想象，难免会出现偏差和缺失。另外，唐代丝绸之路支脉繁多，民族成分复杂，课题组成员在民族史和社会学的研究上学识有限，资料又相对匮乏，特别是中亚一带的民族服饰研究本来就是世界服装史上的短板，再加上服饰改革、样式不断变化，品种繁多，史料有限，为本课题的研究增加了极大的难度。人员和资金的不足也是导致项目进度缓慢的重要原因，从2013年开始，先后有二十余人参与，历时四年多时间，才初步完成了沿线十三个主要民族的九十余个服饰形象的图像复原。至此还是感觉研究肤浅、漏洞颇多，因时间关系只能先交付出版，抛砖引玉，祈请各位专家谅解并不吝指正。

在本书的编写中得到了很多专家的指点，也引用了同行著作的观点，由于引用资料繁多，有些无法一一查证，未有标注，在此向原作者表示深切歉意和由衷感谢。

此书由我负责策划和统稿，我的研究生陈安琪、郝慧敏、朱颖、刘也、常浩凯、蔡远卓、燕倩、辛燕、张静、李兰馨、曹兴启等都参与其中的大量的资料整理和图像处理工作，并以此课题为引，开展了不同方向更为深入的拓展研究，完成了《6-8世纪粟特服饰研究》《隋唐时期龟兹乐舞服饰研究》《6-10世纪于阗服饰文化研究》《唐代宫廷十部乐歌舞伎服饰复原研究》《唐代回鹘与汉族冠饰文化的交流研究》等子项目研究，取得了诸多成果。张星、白雪、刘冰冰、王婷、严慧、王勃等老师也为此书编写给予了极大的帮助，对他们深表感谢。

本书的出版要感谢东华大学出版社蒋智威先生和杜亚玲女士，蒋智威先生为本书和项目的实施提供了宝贵的指导性意见，杜亚玲女士为本书的编辑出版做了大量繁琐的工作。

感谢陕西省哲学社会科学基金和上海文化发展基金的资助。

2018 年 7 月

CHAPTER 1
长安地区服饰

　　唐朝是我国封建社会政治、经济、文化高度发展的时期，也是服饰工艺发展的鼎盛时期。中国服饰经过夏、商、周、秦、汉、三国、两晋、南北朝、隋朝等时期的发展，到唐朝时从服饰到服制都达到了相对完善的地步，成为以后各朝承袭的典范。唐朝时期服装款式多样，颜色、纹样、配饰丰富，刺绣面料工艺精湛。受唐朝政治、经济、文化政策的影响，唐人思想解放，着装开放，是中国历代王朝服饰的典型。

　　唐朝的首都长安，是当时政治、经济、文化的中心。受唐政府的政策影响，"丝绸之路"贸易得到了不断发展，极大地加强了唐朝与其他各地的联系，使长安成为了世界著名的都会和东西方文化交流的中心。当时在长安城居住的，除了汉族人外，还有回鹘人、龟兹人、吐蕃人、新罗人等其他地方的使者。这些使者通过"丝绸之路"，将中国的文化传播到世界各地，同时也带来了他们的文化。对此，唐政府以开放的"兼容并蓄"政策，不仅使经济、文化、思想得到了空前的发展，同时也使这一时期的服饰大放异彩。

1.1   长安地区女子服饰的整体风貌

唐朝长安地区的女子着装形式主要为襦裙服、男装（圆领袍衫）、胡服三种。

主要为上穿短襦，下配长裙，裙腰提到腋下，以绸带系扎的一种"上衣下裳"式的着装形式。

襦裙服，上为襦，下为裙。唐朝初期，长安地区受隋朝遗风和胡服的影响，妇女所穿襦裙服大多为窄袖襦裙（图1-1），发展到盛唐时期，受胡服的影响越来越小，此时袖子放大、衣裙加宽的大袖襦裙成为搭配风尚（图1-2）。唐朝妇女所穿着的短襦，除了随时期的不同袖子宽窄有所变化外，在领型上也多种多样，有圆领、方领、斜领、直领和鸡心领等。发展到盛唐时期，出现了一种可见女性乳沟的袒领（图1-3）。唐诗中就有"粉胸半掩疑暗雪""长留白雪占胸前"的诗句，描述的就是这种袒领短襦。

唐朝妇女下体着裙，以多幅布帛拼制而成。裙身宽而长，因此有"六福罗裙窣地""裙拖六福湘江水"的说法。穿着时裙腰提至胸上或腋下，可在上身直接披半透明的纱衣，如周昉《簪花仕女图》中所绘的穿着形式。唐朝裙子的款式也同样是多种多样，由于裙幅的增加，裙上的褶裥也逐渐增多，出现了"百褶裙"的样式。另外还有红色的"石榴裙"和以两种或两种以上颜色拼接的"间色裙"，这些都是当时非常受欢迎的款式。另外，唐朝女裙制作时的装饰材料也品种繁杂、极尽奢华，有裙上刺绣的"绣裙"，裙

◎ **图1-1** 初唐永泰公主墓中的窄袖襦裙

◎ **图1-2** 晚唐安西榆林窟壁画中的大袖襦裙

◎ **图1-3** 初唐懿德太子墓石刻穿袒领的唐代妇女

上印花的"缬裙",裙上作画的"画裙",更有在裙上镂金、镶宝石的珍贵款式。

最珍贵的则为安乐公主所创的,以各种飞禽羽毛织成百鸟之状的"百鸟裙",从该极尽奢华之裙足可见唐朝妇女对着装时尚的崇尚与追捧。除了襦裙这样的穿搭方式,唐朝女子还喜欢在短襦外面加套半臂,并搭配披帛穿着。半臂是一种短袖上衣,一般多做成对襟的款式,衣长及腰部,两袖宽大且袖长不超过肘部。《新唐书·舆服志》中记载,"半袖襦裙者,东宫女史常供奉之服也。"由此可知,半臂的穿着最初为宫女供奉之服,后流传到民间,成为一种常服,发展到盛唐时期,穿着半臂的装束已成为当时一种时髦的着装方式。由现存的永泰公主墓中的壁画中就能够看到不少穿着半臂的女子形象,可见当时半臂的流行程度。同时,从唐朝的壁画中还可以发现,唐朝的女子十分喜欢在肩背上披一条纱织帛巾,被称为披帛。从流传的壁画绘画作品中能够发现,披帛的款式分为两种,其一为长度较短、宽度较宽,类似披风的款式,如永泰公主墓中所见款式(图1-4)。其二为宽度较窄,但长度很长,类似飘带的款式,如《簪花仕女图》中所绘的款式(图1-5)。但不论是什么款式的披帛,它在流传至今的壁画绘画作品中都十分常见。可见穿着披帛在唐朝是一种较为普遍流行的着装风尚。

在唐朝以前的时期,女子受传统礼教思想的束缚严重,笑不露齿、行不露面等封建礼教思想对女子的思想影响深刻。到唐朝,由于社会思想的空前开放,不少唐朝女子摒弃束缚,大胆尝试着模仿男子穿着袍衫、幞头、六合靴。这样女着男装的穿着方式,先流行于宫内,多为宫女所穿,后传入民

◎ 图1-4 初唐永泰公主墓中的披帛

◎ 图1-5 晚唐周昉《簪花仕女图》中的披帛

◎ **图1-6** 《虢国夫人游春图》中女着男装的形象

◎ **图1-7** 盛唐韦顼墓石椁着胡服妇女

间，成为了普通妇女的日常装扮之一。我们从《虢国夫人游春图》（图1-6）、韦炯墓中的石刻画像中，就能够看到不少这样女着男装的形象，这种着装现象是唐代之前所没有的，从而也从一个方面反映了唐朝时期人们思想的开放程度。

除了襦裙服、男装为唐朝女子着装流行的风尚外，胡服则同样是唐朝女子追捧的典型（图1-7）。胡泛指古代北方游牧渔猎民族，北方的游牧民族以及后来的西域地区的人都统称为胡人。因此，胡服也并不是仅仅指一个民族的服装，而是一种包含了西域地区民族及印度、波斯等很多民族元素在内的装束。胡服的流行，主要在初唐到盛唐时期。当时随着"丝绸之路"的不断影响，胡文化迅速侵入，胡服也使汉人耳目一新，并在唐朝迅速发展。因此，在此时期穿胡服、跳胡舞、听胡乐成为一种流行。胡服的着装形式主要有头戴胡帽，身穿窄袖紧身翻领长袍，下着长裤，脚穿皮靴，腰部系蹀躞带。如韦炯墓和永泰公主墓中所雕刻的胡服妇女形象都是典型的胡服穿着方式，从而也从侧面反映了唐朝时期人们的服装受"丝绸之路"影响的程度，也反映了唐朝思想文化的开放和包容性。

1.2 长安地区女子服饰的复原

长安地区女子服饰种类繁多，从礼服到常服，变化搭配多样。下面主要以壁画、文献、出土文物等为参考依据，复原了六款比较有特点的女子服饰。对服装的款式进行了推定复原，同样对服装的配饰、面料纹样进行了推定复原。

1.2.1 袆衣的推定复原

袆衣为只有皇后才能穿着的一款最隆重的女子礼服，用于接受册封、参加祭祀等重大场合典礼时穿着的一款礼服（图1-8）。

关于袆衣整体着装样貌，《旧唐书·舆服志》中有详细记载，"袆衣，首饰花十二树，并两博鬓，其衣以深青织成为之，文为翚翟之形。素质，五色，十二等。素纱中单，黼领，罗縠褾、襈，褾、襈皆用朱色也。蔽膝，随裳色，以緅为领，用翟为章，三等。大带，随衣色，朱里，纰其外，上以朱锦，下以绿锦，纽约用青组。以青衣，革带，青袜、舄，舄加金饰。白玉双佩，玄组双大绶。章彩尺寸与乘舆同。受册、助祭、朝会诸大事则服之。"袆衣由素纱中单、大袖深衣、蔽膝、大带等四部分组成。袆衣用深青色面料织成，并饰以十二行五彩翚翟纹样。内穿白色纱质的单衣，领口装饰黼纹。蔽膝与衣服同色，并绣有三行翟翟纹。袖口、衣缘等处用红底云龙纹镶边。配饰中，衣带与服装颜色一致，纽、佩、绶与皇帝同级别，配青色袜子，金饰舄鞋（图1-9）。

对于袆衣虽然从文献知道了其整体样貌，但细节并不具体。文献中并没有具体记录袆衣的款式结构，我们也并不知道文献中描述的"翚翟"纹样的具体样貌。因此，只能根据文字资料结合其他资料而推定

◎ **图1-8** 袆衣推定复原效果图

◎ **图1-9** 袆衣款式推定复原效果图

◎ 图1-10　宋代皇后画像　　　　◎ 图1-11　明朝皇后画像　　　　◎ 图1-12　元朝曹氏墓出土蔽膝

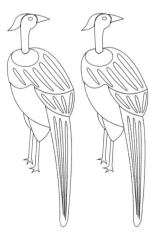

◎ 图1-13　翚翟纹样复原效果图

其样式。由于服装服制在历史的长河中是具有承袭特点的，因此，对于袆衣款式纹样的推定，本研究大部分是从后朝后代所出土的文物和画像中分析出来。关于袆衣的款式，本研究对比了宋代皇后画像（图1-10）、明朝孝元贞皇后郭氏的画像（图1-11），发现宋朝、明朝的皇后所穿着的袆衣款式和《旧唐书·舆服志》中描述的基本一样，因此能够初步推断出袆衣的款式同唐朝惯用的襦裙制不同，其沿用了历代的深衣制。对于深衣的形制，在《礼记》第三十九篇"深衣"中有详细描述。深衣是一种将上衣、下裳缝合在一起的服装款式。由于能够将全身包裹住，故以"被体深邃"之意而命名。深衣为华夏民族传承最久的传统服饰之一。

对于袆衣全身翚翟纹样，由于在唐朝文献和壁画中都没有具体的描述，因此只能够从后朝后代所出土的文物和画像中来分析推断。根据文献记录，翚翟为一种全身带有五彩羽毛的山雉，也就是我们现今所说的红腹锦鸡。翚翟纹所对应的是帝王冕服中十二章纹样中的华虫。据史料记载，华虫与翚翟都为山雉，但两者有什么区别，目前暂无法考证。在唐朝时期，翚翟纹为皇后或身份特别尊贵的女子才能使用的纹样，通常象征着文采卓越、智慧过人，代表着她们尊贵的地位。翚翟的形制，根据《旧唐书·舆服志》中的记载，"文为翚翟之形。素质，五色，十二等"。对比宋代皇后画像（图1-10）、明朝孝元贞皇后郭氏的画像（图1-11）和元朝苏州曹氏墓中出土的翟鸟纹蔽膝实物图片（图1-12），三张图上出现的翚翟纹样和《旧唐书·舆服志》中所描述的翚翟纹基本一致，翚翟分别由黑、白、红、绿、黄五种颜色所构成，并排列于全身，共十二排。翚翟纹样复原效果如图1-13。

关于袆衣的配饰，在现存文献中并没有详细介绍。但查阅历代皇后的画像，可判断出唐朝的袆衣也应当配以凤冠这样代表身份的冠饰而穿着，这是历代都存在的搭配模式。凤冠为古代皇帝后妃的冠饰，其通常以金丝堆累工艺制成金花、龙凤等图样，并装饰有宝石、珍珠、羽毛、贝壳、玉石等珠宝。凤冠，因以凤凰点缀而得名。根据传说，凤凰是万鸟之王，所以只有皇后或公主才能够佩戴，是身份的象征。通常只有在皇后或公主受册、谒庙、朝会、婚礼时才佩戴。普通平民不能佩戴。但由于冠饰的形制在历朝历代中相对于服装服制改进得较大，因此，对于唐朝凤冠的具体造型只能够进行合理推断。在服装服饰历史中，由于唐承隋制，因此根据目前考古出土的隋朝萧皇后凤冠的造型（图1-14。2012年12月，江苏扬州隋炀帝萧后墓出土了保存相对比较完整的冠，被称为"萧后冠"，是目前出土等级最高的头冠），并结合已出土的唐代李倕公主冠饰的造型（图1-15。2001年11月，陕西西安唐代公主李倕墓中出土了公主冠饰），从而大致推定并绘画出图1-16所示此款唐朝皇后凤冠的造型。

◎ **图1-14** 隋朝萧皇后凤冠文物

1.2.2 钿钗礼衣的推定复原

钿钗礼衣为皇后及内外命妇穿着的一款礼服。钿钗通常指发髻上的金钗花钿，而礼衣与现今的礼服同义。因此，钿钗礼衣，顾名思义是一种需要佩戴钿钗等饰品穿着的礼服。并且根据《旧唐书·舆服志》中的记载，钿钗礼衣以钿钗数目来表现着装者

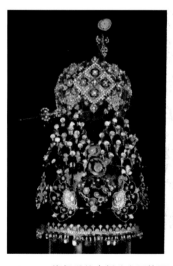

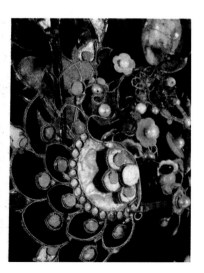

◎ **图1-15** 修复后的李倕公主冠饰图

◎ **图1-16** 凤冠复原效果图

的地位身份。皇后佩戴十二钿，太子妃佩戴九钿，内外命妇则根据品级佩戴：一品九钿、二品八钿、三品七钿等依次类推。根据文献记载，钿钗礼衣全身通用杂色，也就是没有固定的颜色规定，衣服上没有雉纹等代表等级的章纹，也不佩戴绶带和玉珮。因此，不少专家认为钿钗礼衣是宫廷女装中等级最低的一款礼服（图1-17）。

　　关于钿钗礼衣的款式在考古界是具有一定争议的。因为，根据文献的记载，"皇后服有袆衣、鞠衣、钿钗礼衣三等。……钿钗礼衣，十二钿，服通用杂色，制与上同，唯无雉及佩绶，去舄，加履。宴见宾客则服之"。因此，既然"制与上同"，那么钿钗礼衣也应该与翟衣一样为"深衣制"。但大量的唐朝壁画、供养人画像等人物画像中，唐朝贵妇所穿着的礼衣却为"襦裙制"，而通体杂色和佩戴钿钗的等级等方面却和文献记载一致，因而考古界对钿钗礼衣的款式是"深衣制"还是"襦裙制"产生争议。我们此次对于钿钗礼衣款式的复原，并不对争议的问题进行探讨，主要目的是展示唐朝服装。因此，图1-17所示这款钿钗礼衣也可从款式上称为"大袖襦裙"，其主要是根据敦煌莫高窟供养人画像（图1-18）并结合文献参考来绘制。

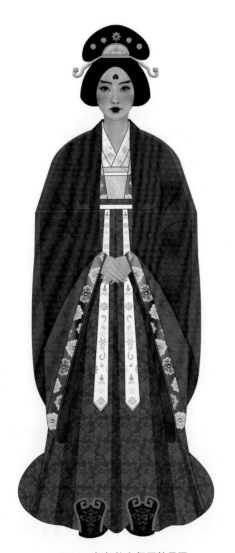

◎ 图1-17　钿钗礼衣复原效果图　　　　　　◎ 图1-18　敦煌莫高窟第196窟壁画

对于钿钗礼衣"服通用杂色"的纹样的复原，此次主要复原了"牡丹穿枝纹"和"六瓣单层宝相花纹"两款纹样并绘画于钿钗礼衣之上。穿枝纹也叫卷草纹，是一类以波纹状结构为基础，将花、花苞、枝叶、藤蔓相组合，并构成富丽缠绵的造型的装饰纹样。而"牡丹穿枝纹"就是以牡丹花为元素的穿枝纹（图1-19）。以当今美术学概念来讲，就是将牡丹花进行抽象处理，将其花朵、花苞、枝叶、藤蔓等元素合理地再次组合，并将其以曲线结构排列所形成的一种纹样。此类的穿枝花纹样在盛唐较为盛行，在敦煌壁画之中也出现很多，其花卉种类与表现形式都非常丰富。图1-17所示这款用在钿钗礼衣中的穿枝花图案就是参考敦煌莫高窟第334窟西壁菩萨衣像上所出现的葡萄穿枝纹而绘制成的（图1-20）。

而"宝相花纹"是一种将多种自然形态的花朵进行艺术处理，将多种花型叠加，以一种放射状的形态而组成为圆形的纹样。由于宝相花纹在佛教之中有"宝相庄严"的意思，是唐朝非常盛行的一种纹样。而图1-17所示这款钿钗礼衣中所绘制的"宝相花纹"为六花瓣单层的宝相花纹，由单一的一种具有六片花瓣的花型构成（图1-21）。它是根据敦煌莫高窟唐朝第57窟南壁人像（图1-22）中菩萨服饰的纹样绘制的。

对于此次钿钗礼衣配饰的复原与形象运用，主要是根据壁画形象进行选择性搭配复原的。主要复原了花钿和梳篦两类配饰。花钿为唐朝女子眉间的一种装饰物，图1-23所示此款复

◎ 图1-19 牡丹穿枝纹复原效果图

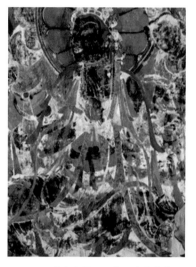

◎ 图1-20 莫高窟第334窟西壁菩萨像

◎ 图1-21 六瓣宝相花纹刺绣效果图

◎ 图1-22 莫高窟第57窟南壁菩萨像

◎ 图1-23 钿钗礼衣花钿复原效果图

◎ **图1-24**　《弈棋仕女图》局部

◎ **图1-25**　梳篦复原效果图

◎ **图1-26**　《捣练图》局部

◎ **图1-27**　鞠衣推定复原效果图

原的钿钗礼衣人物形象是根据新疆吐鲁番张礼臣墓绢画《弈棋仕女图》（图1-24）中的仕女形象复原绘画的。梳篦原为一种梳发用具，是妇女必备之物。唐朝女子几乎梳不离身，后便形成了插梳的风尚，梳篦也成为了唐朝女子佩戴的一种首饰，被插于发髻之上用作装饰。图1-25所示的梳篦是根据唐代画家张萱所绘《捣练图》（图1-26）中的仕女所戴梳篦复原的。

1.2.3　鞠衣的推定复原

鞠衣为皇后和太子妃亲蚕时穿着的服饰。亲蚕为一种祭祀蚕神的活动，通常由皇后主持，众嫔妃共同参与，是一项重要的祭祀活动，代表着帝王重视农桑，同时也象征着女子贤良淑德的品格。关于鞠衣的款式，同样只限定于文献的记录，并没有实物的文物出土或壁画图案参考，因此，对于鞠衣的款式，我们只能依据文献和历史来推定（图1-27）。根据《旧唐书·舆服志》中关于鞠衣的描述，"鞠衣，黄罗为之。其蔽膝、大带及衣革带、舄随衣色。余与袆衣同，唯无雉也。亲蚕则服之"。鞠衣为黄色，配蔽膝、大带、革带穿着。太子妃与皇后所穿的鞠衣款式颜色是一样的。略有不同的是，根据等级地位，首饰佩戴的数量有所不同，太子妃头戴九支钿钗，皇后头戴十二支钿钗。

图1-27所示鞠衣的款式主要是依据文献记录和《簪花仕女图》（图1-28）中的抹胸襦裙和薄纱披衫的款式而绘制复原的。抹胸襦裙和薄纱披衫的搭配同时也是唐朝具有特点的搭配形式。像这样开放的款式是其他封建朝代所没有的，它同时也反映出唐朝社会经济文化的开放程度。

图1-27所示复原服装的纹样主要运用了在唐朝较为经典的宝相花纹和如意几何这两类纹样。宝相花纹主要运用在襦裙

◎ 图1-28　《簪花仕女图》局部

◎ 图1-29　如意几何纹复原效果图

◎ 图1-30　宝相纹复原效果图

之上，而如意几何纹主要运用在外层的披纱之上。几何纹是一种以几何图形按一定规律排列组合成十字、龟背、棋格、锯齿、如意等图像的纹样，是盛唐时期最常见的纹样。如意，原本为古代的一种瘙痒工具，其潜在含义为"不求人""可顺人意""称心"，故取名为如意。后被人们按其形状以图形形式绘制成纹样，装饰于生活用品和服饰上，具有称心如意、吉祥如意等美好的寓意（图1-29）。而图1-27复原服装上的宝相花纹同样是一种将花朵进行艺术处理，将多种花型叠加，并以一种放射状的形态而组成为圆形的纹样（图1-30）。

1.2.4　翟衣的推定复原

翟衣是后妃命妇的最高礼服，为一种全身刺绣翟鸟纹样的服装（图1-31）。根据《周礼·天官冢宰·典妇功／夏采》记载，"内司服掌王后之六服：袆衣、揄狄、阙狄、鞠衣、展衣、缘衣、素纱。"皇后礼服有六款，其中具有翟鸟纹样的翟衣有"袆衣、揄翟、阙翟"三种，被合称为"三翟"。但皇后礼服发展到唐朝时期，除了袆衣依然为皇后的最高礼服外，"三翟"中的阙翟不再使用，而揄翟则成为了太子妃的最高礼服，用于太子妃册封典礼、朝会和参加祭祀等重大活动时穿着。而对于内外命妇所穿着的最高礼服，则以花钗数量进行等级的划分，被称为花钗翟衣，主要用于内外命妇的册封典礼、进宫、出嫁、桑蚕礼等活动时穿着。袆衣、揄翟和花钗翟衣同为翟衣，但礼制不同。这主要表现在两个方面，一方面是服装上所用的章纹不同，皇后袆衣所使用的是会飞且具有五彩羽毛的红腹锦鸡；太子妃揄翟所用章纹为摇翟，是一种鹰科的鸟类，其羽毛为单色，并不鲜艳；而内外命妇所使用的章纹为雉，是一种有五彩羽毛的野鸡，其尾巴较短，且不能够飞行。另一方面区别为所佩戴的首饰材质和数量不同，皇后佩戴凤冠，太子妃能够佩戴九支金钗，而内外命妇只能佩戴花钗，且所佩戴的数量根据等级的高低而不同。

对于翟衣的绘制（图1-31），主要是以敦煌莫高窟第138窟东壁郡君太夫人供养人画像（图1-32）和文献相结合分析而绘制的。此供养人画像中人物所穿着的服装是内外命妇的花钗翟衣。

关于图1-31所示此款花钗翟衣中所出现的纹样，共有三种，分别为鸟衔花草纹、双色几何纹、五瓣三层宝相花纹。

鸟衔花草纹为一种以凤、孔雀、野鸡等鸟类为主体，将具有吉祥意义的瑞草、花枝等花草衔于鸟嘴中的纹样。在此款翟衣中所使用的鸟衔花草纹，和文献中所描述的一致，其鸟为野鸡，以站立的姿势将花枝衔于嘴中，并与花枝相缠绕。且纹样形态是完全依照郡君太夫人供养人像所临摹的（图1-33）。

双色几何纹则是由两种颜色的几何纹样构成，成十字形对称。两种颜色的几何纹以浅绿、浅蓝和朱红三种颜色两两构成，但所表现的位置不同，也因此形成了视觉上的双色对比效果（图1-34）。

五瓣三层宝相花纹由三种不同的花型分三层叠加构成（图1-35）。每层花都具有五片花瓣，花瓣形似云朵。每个花瓣的颜色都为由深至浅地三色渐变，由深蓝色渐变到浅蓝色，使其看起来更有立体感和层次感，充分表现出了盛唐时期退晕绣的精湛工艺。图1-36所示此款宝相花纹是根据敦煌莫高窟第179窟中菩萨（图1-37）所穿的长裙中的纹样绘制的。

◎ **图1-31** 翟衣复原效果图

◎ **图1-32** 莫高窟第138窟东壁郡君太夫人供养人像

◎ **图1-33** 鸟衔花草纹

对于此次翟衣配饰的复原与形象运用，主要是根据壁画和文物进行选择性搭配绘制的。所谓花钗翟衣，就是一种搭配花钿和钿钗穿着的礼服，以花钗的数量来对穿着者进行等级身份尊卑的划分。因此，在此次复原的人物服饰形象中，共运用了花钗和凤钗两种钗类和一款花钿。花钗为女性头饰的一种，花头为宝相花，钗脚为 U 型插脚，以金子和宝石制作而成（图 1-38）。此款花钗是根据湖北省安陆县王子山唐朝吴王妃杨氏墓中出土的花钗（图 1-39）样式而绘制的。凤钗同样为一种女性头饰，属于钗子的一种，用来固定和装饰发型。因钗头为凤凰形态，故而名为凤钗（图1-40）。

花钿，为唐朝女子眉间的装饰物，大致有两种形式。其一以金箔、黑光纸、鱼鳃骨、螺钿壳、云母片等材料剪成各种花朵形状，贴于眉心处。其二，以绘画形式绘成各种多变抽象图案，并剪出贴于眉心（图 1-41）。此款花钿图案源于吐鲁番阿斯塔那古墓出土的唐朝绢画仕女图中的样式（图 1-42）。

 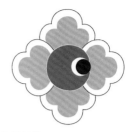

◎ **图1-34** 双色几何纹

◎ **图1-35** 五瓣三层宝相花纹矢量图

◎ **图1-36** 五瓣三层宝相花纹刺绣效果图　◎ **图1-37** 敦煌莫高窟第179窟菩萨

◎ **图1-38** 花钗复原效果图

◎ **图1-39** 唐吴王妃杨氏墓出土花钗

◎ **图1-40** 凤钗

◎ **图1-41** 花钿复原效果图

◎ **图1-42** 唐朝绢画仕女图花钿

1.2.5　半臂的推定复原

半臂又称半袖，是从魏晋以来的上襦发展而出的一种无领（或翻领）、对襟（或套头）的短外衣，它的特征是袖长及肘，身长及腰。半臂和上襦不同，袖长一般只及肘，对襟翻领（或无领），用小带子在胸前系住。因领口宽大，穿时袒露上胸，多穿在襦衫之外。半臂是唐代女装中极为常见的衣着形式。由于半臂的衣领宽大，胸部几乎都可以袒露出来。唐朝妇女们穿着半臂时，常把它罩在襦、裙的外面，形成我们常见的半袖配襦裙。在唐代，半臂极为普及，不仅男、女都可以穿用，而且是宫廷常服的一种。半臂最先流行于隋代的宫廷内，先为宫中内官、女史所穿着，到唐代传至民间，历久不衰（图1-43）。

图1-43所示的此款半臂款式和人物造型主要是根据西安王家坟出土的三彩梳妆女坐俑的造型所绘制的。人物梳单刀半翻髻，小袖长裙，外着半臂。长裙常用两色绫罗拼合，形成褶裥效果（图1-44）。

在图1-44的陶俑形象中，并没有佩戴任何首饰饰品。但为了使半臂复原图（图1-43）中的人物服饰搭配更加饱满，因此给人物形象添加了步摇、耳坠和花钿等女子常用的饰品。

步摇最早起源于两汉时期，为中国古代妇女的一种首饰。由于其通常具有流苏、坠子等垂挂物，走路时会摇动，故取名为步摇。它通常以金、银、玉、玛瑙等材质制作而成，多以龙凤、蝴蝶、鸟兽花枝等形态为元素出现，通常垂有流苏或坠子，缀以珠玉，簪于发髻之上，用于装饰，见图1-45所示。耳坠为古代女子耳部所佩戴的一种饰品，魏晋南北朝时期就已出现。相传由于古人讲究"耳大如轮，眼大有神"，认为耳垂大了才美丽有福气，从而才有了女子在耳朵上佩戴耳坠的习惯（图1-46）。

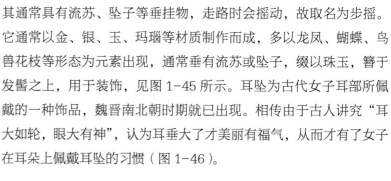

◎ **图1-45**　步摇

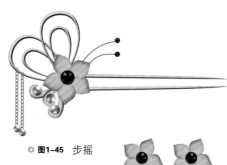

◎ **图1-43**　半臂推定复原效果图　　◎ **图1-44**　西安王家坟出土的三彩梳妆女坐俑　　◎ **图1-46**　耳坠

1.2.6 女性圆领袍衫的推定复原

圆领袍也称"袍衫""上领袍",袍为夹衣,而衫则为单衣,后来被统称为袍。圆领袍衫是唐朝的一种男子常服,大多学者认为它是由汉朝圆领内衣发展而来的。圆领袍衫通常以布扣系之穿着,在腰部穿上蹀躞带,头带幞头,下穿中裤以及靴子,内穿圆领中衣。由于其穿着方便等特点,成为了唐朝人们十分喜爱的款式,更成为唐朝"女着男装"风尚影响下女子喜爱穿着的款式之一(图1-47)。此次复原的女子圆领袍衫款式主要是依据敦煌莫高窟第151窟侍女像所绘制(图1-48)。

1.3 长安地区男子服饰的整体风貌

唐朝时期的男子服装样式相对于女子服装样式而言较为单一,但服装制度方面却规定严苛,甚至于服色上都被赋予了很多的讲究。唐朝的男子着装形式可主要分为圆领袍衫和冠冕服两类。

圆领袍衫为唐朝男子使用最广泛的一类服装(图1-49)。上至天子,下至百官,都以此为尚。不论参加礼会或是宴会均可穿着,甚至到唐玄宗时期,圆领袍衫已作为朝服而被穿着使用,足可见圆领袍衫在唐朝的流行程度。因此,头戴幞头,身穿圆领袍衫,脚踩乌皮靴,这样既洒脱飘逸、又不失英武之气的装扮成为了唐朝男子最为流行的形象。圆领袍衫样式一般为圆领、右衽,且领子、袖子等处有边缘装饰。可分为开胯和不开胯两类,开胯即两侧开衩的款式,又被称为缺胯衫。不开胯即两侧没有开衩的款式,其衩通常在下摆处加一条横襕,被称为襕衫。这道横襕的具体作用已无法考证了,但在马缟的《中华古今注》中有这样的记载:"至贞观年中,左右寻常供奉赐袍。丞相长孙无忌上仪,请于袍上加襕,取象于缘,诏从之。"可证其"横襕"是唐朝服制中所规定,并不是无任何作用的。《旧唐书·舆服志》中记载:"中书令马周上议:'《礼》无服衫之文,三代之制有深衣。请加襕、袖、褾、襈,为士人上服。开胯者名曰缺胯衫,庶人服之。'……诏皆从之。"唐太宗时期,规定缺胯衫为普通人(庶人)穿着的服装,而襕衫则主要为读书人(士人)所

◎ 图1-48 敦煌莫高窟
第151窟近侍女像

◎ 图1-47 圆领袍衫
推定复原效果图

◎ 图1-49 唐敦煌莫高
窟第130窟圆领袍衫

◎ **图1-50** 盛唐《张果见明皇图卷》部分软脚幞头

◎ **图1-51** 晚唐敦煌壁画硬脚幞头

◎ **图1-52** 章怀太子墓《礼宾图》冠冕服

穿的服装。由于圆领袍衫使用广泛，无论天子、庶人都可穿着，且初唐时期，没有对圆领袍衫进行服色规定，因此，出现了文武百官、天子庶人同穿黄色袍衫的情况。因此，到唐高祖时期，为了区别等级身份，开始对服色进行严格规定。《旧唐书·舆服志》记载："武德初，因隋旧制，天子宴服，亦名常服，唯以黄袍及衫，后渐用赤黄，遂禁士庶不得以赤黄为衣服杂饰"。贞观四年，又进一步对官吏袍服颜色进行规定，"三品已上服紫，五品已下服绯，六品、七品服绿，八品、九品服以青，带以鍮石。妇人从夫色。虽有令，仍许通著黄"。到总章元年，则规定"始一切不许着黄"。自此，黄色作为了帝王专属之色，"黄袍加身"则成为了帝王身份的象征。这样的象征意义被后代沿袭，直到清朝灭亡，长达一千余年。

幞头是唐朝时期最为盛行的一款男子首服。幞头又称为折上巾，是一种包裹头部的黑色布帛。早期的幞头只以一个罗帕裹在头上。由于质地过软，不够美观，后在幞头之下加巾子，覆盖在发髻之上，犹如一个假发髻，以保证裹出固定形状的幞头外形。因此，唐朝男子首服分为内部巾子和外部幞头两个部分。

巾子的样式在唐朝时期进行了几次演变，《旧唐书·舆服志》记载："武德已来，始有巾子，文官名流，上平头小样者。则天朝，贵臣内赐高头巾子，呼为武家诸王样。中宗景龙四年三月，因内宴赐宰臣已下内样巾子。开元已来，文官士伍多以紫阜官紬为头巾、平头巾子，相效为雅制。玄宗开元十九年十月，赐供奉官及诸司长官罗头巾及官样巾子，迄今服之也。"唐朝时期有四种形制的巾子先后流行，武德至贞观年间，流行一种扁平形状的巾子，被称为"平头小样"；武则天时期，巾子在原有的基础上，顶部加高并分成两瓣，称为"武家诸王样"；中宗时期，巾子顶部比"武家诸王样"更高，且分左右两瓣，形成两个球形，并顶部明显向前倾斜，被称为"英王踣样"；发展到玄宗时期，顶部比"英王踣样"更高，且头部略尖，名为"官样"的巾子开始逐渐流行。除了巾子外，外部的幞头也有变化，幞头的两角起初像带子，自然下垂至肩部或颈部，之后慢慢变短，弯曲朝上插入脑后结内。由于这类幞头以纱罗制作，质地较软，故被称为"软脚幞头"（图1-50）。发展到中唐以后，由于在幞头两角内加入了丝弦等硬物支撑，幞头两角上翘，犹如一对硬翅，故被称为"硬脚幞头"（图1-51）。

唐朝时期男子的服装除了使用广泛的圆领袍衫外，自古所承袭的传统冠冕之服依然为当时服装服制中不可或缺的一部分（图1-52）。所谓冠冕服，也就是指天子侍臣，用于祭祀、礼仪活动的最传统的大礼服。冠冕之服，在唐朝时期制度严格，品种繁多。通常根据不同的礼仪祭祀活动和所穿之人的品级身份，搭配不同的冕、冠、配饰而成为专用某种活动的礼服。如《旧唐书·舆服志》中关于天子服装的记载："唐制，天子衣服，有大裘之冕、衮冕、鷩冕、毳冕、绣冕、玄冕、通天冠、武弁、黑介帻、白纱帽、平巾帻、白帢，凡十二等。"其中，大裘冕、衮冕、鷩冕、毳冕、绣冕、玄冕为主要用于祭祀的冕服，而通天冠、武弁、黑介帻、白纱帽、平巾帻、白帢则为主要用于礼仪活动的冠服，且每一款冕服和冠服都有其特别的使用范围。如六款冕服，大裘冕用于祭祀天地，衮冕用于祭祀宗庙、遣上将、征还、饮至、践阼、加元服、纳后、元日受朝贺，鷩冕用于祭祀先公、祖庙，毳冕祭祀山川大海，绣冕祭祀社稷，玄冕祭祀四方百神。六种冠服，通天冠用于祭祀归来、冬至和朔日受朝、临轩、拜王公、元会、冬会穿着，武弁用于讲武、出征、四时蒐狩（狩猎）、大射、祃类（一种出兵时所用的祈祷礼仪活动）、宜社、赏祖、罚社、纂严（军队严装、戒备），黑介帻用于祭拜陵寝，白纱帽用于视朝听讼及宴见宾客，平巾帻用于穿靴、乘马时穿着，白帢用于大臣丧时使用。其每一款礼服都有其规定的使用场合，详细的服制礼仪制度就连现今社会也是无法相比的，足可见唐朝文明的发达程度。

1.4　长安地区男子服饰的复原

　　长安地区男子服饰种类虽较女子服饰单一，但等级严苛。本次对于男子服饰的复原同样也是以壁画、文献、出土文物等为参考依据，进行合理的推断并复原绘制。共复原了五款较为有特点的男子服饰和着装形象。

1.4.1　帝王衮冕的推定复原

　　衮冕为古代帝王礼服的一种。根据《旧唐书·舆服志》四十五卷关于帝王服饰的记载，唐朝帝王服饰分大裘冕、衮冕、鷩冕、毳冕、绣冕、玄冕、通天冠、武弁、黑介帻、白纱帽、平巾帻、白帢等十二种，其中冕服六种，分别在不同的场合使用。冕是古代对礼帽的叫法，因此，需要佩戴礼帽的服装，则被称为冕服，作为帝王穿着的礼服，通常被用于非常重要的场合。而衮冕为天子冕服中使用范围最广的一款礼服，同时也是天子服装中唯一"十二章"纹样齐全的服装，是帝王身份的象征。根据文献记载，"衮冕，金饰，垂白珠十二旒，以组为缨，色如其绶，黈纩充耳，玉簪导。玄衣，纁裳，十二章，八章在衣，日、月、星、龙、山、华虫、火、宗彝；四章在裳，藻、粉米、黼、黻，衣褾、领为升龙，织成为之也。各为六等，龙、山以下，每章一行，十二。白纱中单，黼领，青褾、襈、裾，黻。绣龙、山、火三章，余同上。革带、大带、剑、佩、绶与上同。舄加金饰。诸祭祀及庙、遣上将、征还、饮至、践阼、加元服、纳后、若元日受朝，则服之。"衮冕，冕冠以黄金饰品装饰，前后分别垂挂十二串白珠子，冕的两侧分别挂有充耳，下垂于耳部位置，通常用于装饰，也可以塞耳避听。冕冠则以玉簪子的形式佩戴固定于头部。上衣为黑色，裙子为红色，且全身绣有"十二章"纹样，其中八章"日、月、星、龙、山、华虫、火、宗彝"刺绣在上衣位置，藻、粉米、黼、黻四章刺绣在衣裙上面。领子为升龙图案。十二章纹样中，自山纹以下，每个章纹刺绣一行，一行十二个。上衣内部穿有白纱单衣，领子为黼纹领，袖口领边为青色。蔽膝上分别绣有龙、山、火三种纹样，颜色和裙子颜色一致，并配有大带等配饰。鞋子以黄金装饰。通常用于祭祀、征战回乡、派兵遣将、成人礼、迎娶皇后、正月初一上朝时穿着。此次对于衮冕的款式推定复原，主要是依据壁画和文献描述相结合来推定复原的，推定效果图见图1-53。由于此款衮冕的款式有壁画为依据，因此其款式完全是以壁画图1-54所示而绘制复原的。但由于壁画年代久远，其上颜色都已退变，因此对于衮冕服装颜色的复原，则是根据历史文献的记录而进行绘制上色的。

对于衮冕之上"十二章"纹样的复原，主要是依据文物，并比对文献记载而复原的。根据文献记载，"十二章"纹样分别为日、月、星、龙、山、华虫、火、宗彝、藻、粉米、黼、黻，但由于没有实物或壁画出土，因此，我们对于唐朝十二章纹样也只知其名不知其形，故只能根据服装的历史承袭特点，以现今已出土的明朝帝王冕服上的十二章纹样为参考进行复原绘画（图1-55）。对衮冕的记载，最早出现在《周礼》之中，但并不详细。而明代衮冕是历代以来唯一在文献、图样、绘画和出土实物几个方面都有详细资料存世的。服装纹样是古代奴隶制和君主制社会精神文化的一个表现方面，它的政治意义往往更大于审美意义。例如，在十二章纹样中，由于唐朝以左为尊，因此日在左肩，有照临的寓意，古人视帝王为天子，因此太阳也代表着天子的化身。而月在右肩，代表着黑夜中的光明，寓意正大光明。星星围绕在日月之下，代表着吉祥。因为古人擅观星，认为国运、人命都与星辰变化有关，相信星星具有神秘的力量。另外，其他的纹样也都具有各自的寓意：龙代表着帝王的身份，华虫寓意文采卓越，山寓意庄严，火寓意生生不息，宗彝寓意忠孝，藻寓意才思敏捷，粉米寓意孕育、重视农桑，黼寓意干练果断，黻寓意黑白分明。

◎ **图1-53** 帝王衮冕推定复原效果图

◎ **图1-54** 敦煌莫高窟第220窟东壁帝王衮冕图

◎ **图1-55** 衮冕十二章纹样分布款式推定复原效果图

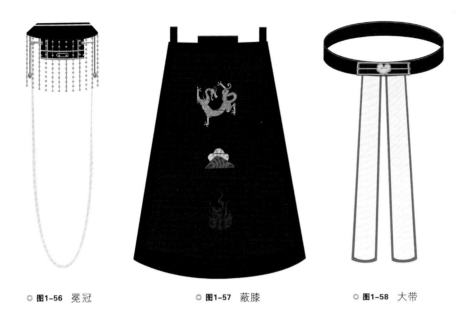

◎ **图1-56** 冕冠　　　　◎ **图1-57** 蔽膝　　　　◎ **图1-58** 大带

◎ **图1-59** 帝王常服推定复原效果图

关于衮冕配饰的复原与绘画，主要依据文献记载和壁画文物绘制。衮冕所绘制的相关配饰主要有冕冠、蔽膝、大带三类，其中最主要的就是代表帝王身份的十二旒冕冠（图1-56）。此次对于冕冠的复原参考了莫高窟的帝王衮冕图。图中衮冕样式清晰，再结合文献的详细记载，复原出冕冠的款式样貌。另外，蔽膝与大带同样也是以壁画作为依据绘制的。蔽膝，据《旧唐书》中的记载，其颜色与裙裳颜色一样，上面分别绣有龙、山、火三种纹样。蔽膝通常围于裙裳之外，是用以蔽护膝盖的一种服饰，通常遮盖大腿至膝部的部分，是古代遮羞物遗存的体现。蔽膝通常以棉、麻、革等材料制作（图1-57）。大带，唐朝礼服所用的一种腰带，常系于外袍之上，用丝线织成，穿着时系于腰间，下垂部分似飘带漏出。天子、诸侯大带四边一般都加以缘饰（图1-58）。

1.4.2　帝王常服的推定复原

皇帝的常服为赤黄色的圆领袍衫款式，为唐朝常见的男子袍衫款式（图1-59）。由于冕服过于繁复，穿着过于复杂隆重，唐太宗时期便规定皇上在日常上朝或平时生活中可穿着常服。两侧不开衩的圆领袍衫款式，通常头上搭配翼善冠，用于每月初一、十五上朝时穿着。开衩的圆领袍衫款式，通常搭配平巾帻使用。后又规定，皇上常服为赤黄色，搭配折上巾，九环带、六合靴穿着。为了使用方便，自贞观之后，除了正月初一、冬至和祭祀外，其他场合全部穿着常服。作为代表帝王身份的冕服则仅仅被用在祭祀等重大场合穿着。发展到唐玄宗时期，甚至到祭祀、祭祖等重大场合也穿着常服，不再穿着冕服，翼善冠的搭配形式也被废除。图1-59所示这款帝王常服主要是依据宋人摹阎立本绘唐太宗立像（图1-60）和有关文献记载复原绘制。

◎ **图1-60** 宋人摹阎立本绘唐太宗立像

◎ **图1-61** 软脚幞头

◎ **图1-62** 乌皮靴

◎ **图1-63** 玉革带

◎ **图1-64** 侍臣朝服推定复原效果图

◎ **图1-65** 唐章怀太子墓中壁画
　　　　　《礼宾图》

关于此款帝王常服相关配饰的复原，共绘制了软脚幞头（图1-61）、乌皮靴（图1-62）、玉革带（图1-63）三款配饰，主要以帝王画像为参考并结合相关文献记录绘制复原。宋人摹阎立本绘唐太宗立像中圆领袍衫的款式，并佩戴有折上巾的着装方式，为典型的唐太宗时期的搭配形式。折上巾也叫幞头，是一种包裹头部的纱罗软巾。唐朝时期的幞头有"硬脚"和"软脚"之分，软脚幞头由于以纱罗制作，其两角像带子自然下垂至肩部或颈部，质地较软，故被称为"软脚幞头"（图1-61）。乌皮履，为唐朝男子最常使用的一款以黑色皮革制作的靴子（图1-62）。而玉革带则为古代帝王的一种腰带，以皮革和金玉宝石等搭配制作（图1-63）。

1.4.3　侍臣朝服的推定复原

朝服又叫具服，是官员参加祭祀、朝会宴飨、上奏章等重要场合时所穿着的最隆重的礼服。《旧唐书·舆服志》记载："朝服（亦名具服），冠，帻，缨，簪导，绛纱单衣，白纱中单，皂领、襈、裾，白裙襦（亦裙衫也），革带，钩䚢，假带，曲领方心，绛纱蔽膝，袜，舄，剑，珮，绶。"朝服的着装样式是：头戴武弁，身穿红色对襟大袖袍衫，袖口领口为黑色，内穿白色单衣，并搭配有曲领方心。曲领方心为一种在中单上衬起一半圆形的硬衬，可以使领部凸起的物件。曲领方心撑起的领型，同时也代表着我国古代最典型、最核心的"天圆地方"的宇宙观。朝服下身为白色的裙衫，蔽膝则为和大袖袍衫同样的红色。并根据官职品级不同，配有不同的革带、剑、玉佩、组绶等配饰（图1-64）。此次对于侍臣朝服的款式推定复原，主要是根据唐朝章怀太子墓中壁画《礼宾图》（图1-65）里的侍臣形象而绘制复原的。

对于朝服相关配饰的推定复原，图1-64所示此款主要绘制复原了其冠饰。此款服装的冠饰同样主要是依据《礼宾图》中的款式复原绘制的。武弁，又称纱笼、笼冠，是一种用很细的纱制作的笼冠，为侍臣的一种冠饰。唐朝时期的笼冠外形，上边略短，下边略长，整体形状呈等腰梯形，且冠两侧系缨，笼冠里面是平巾帻，以簪子固定于头部佩戴。武弁原名赵惠文冠，相传是战国时期

◎ **图1-66** 武弁

◎ **图1-67** 金蝉珰

◎ **图1-68** 貂蝉白笔武弁

赵惠文王制作的，后被秦汉延用遗制，称武弁，也称武冠，多为武官的礼冠。后来在一些文学作品中，武弁也指代武官。在唐朝时期，武弁的使用人群已经不仅局限于武官，还包括了近身侍从和部分文官，主要是作为搭配官吏的朝服而使用的（图1-66）。另外，关于武弁，唐朝时期有"附蝉插雕"的规定。《旧唐书·舆服志》记载："武弁，平巾帻，侍中、中书令则加貂蝉，侍左者左珥，侍右者右珥。"若是侍中（门下省长官）、中书令（中书省长官），则在武弁上加"貂蝉"。貂为一种貂尾制作的类似簪子的饰物，通常插在冠上，侍左者插左边，侍右者插右边。此处的"蝉"为一种以黄金制作的蝉形金珰，通常附于冠额正中，寓意清高、超拔之意（图1-67）。貂蝉通常一起出现，是身份等级的象征。"诸文官七品以上朝服者，簪白笔，武官及爵则不簪。"且七品以上的文官，需要佩戴白笔，武官则不需要。白笔为笔尖不沾墨汁的白色毛笔，为一种装饰物，插于冠饰之侧。相传起源于战国时期，古时官员奏事，则需使用毛笔将所奏之事写在笏板上，写完之后则将笔杆插入发际。后发展至魏晋以后，则成为一种制度，凡文官上朝，皆得插笔于帽侧，作为装饰物，也称为"簪白笔"（图1-68）。但此款以章怀太子墓《礼宾图》中的形象所绘制的武弁款式，并没有戴貂蝉插白笔，而虽在唐制中有"貂蝉白笔"的记载，但在目前所出土的唐朝壁画文物中"貂蝉白笔"的侍臣形象却非常少见，故而在此不作为复原重点。

1.4.4 侍臣常服的推定复原

唐朝时期侍臣所穿着的常服为襕衫，和圆领袍衫的款式一样，是一种在袍衫的膝盖处加有一道接缝，被称为"横襕"的圆领袍衫（图1-69）。根据《旧唐书·舆服志》中的记载，唐太宗时期规定，缺胯衫为普通人穿着的服装，而襕衫则主要为读书人所穿的服装。贞观四年，开始对官吏常服颜色进行规定："三品已上服紫，五品已下服绯，六品、七品服绿，八品、九品服以青，带以鍮石。妇人从夫色。虽有令，仍许通著黄。"到唐高宗时期，则禁止流外官及庶人服黄色。唐高宗龙朔二年，由于古代用蓝靛多次浸染所得深青色会泛红色光，故怕与紫色相混淆，因此将青色改成碧绿。

◎ **图1-69** 侍臣常服推定复原效果图

◎ **图1-70**　唐朝《凌烟阁二十四功臣图》石刻

◎ **图1-71**　阎立本《步辇图》

◎ **图1-72**　金玉带

此次复原的常服为三品以上侍臣穿着的紫色襕衫，主要是根据唐朝《凌烟阁二十四功臣图》（图1-70）阎立本《步辇图》（图1-71）中的侍臣形象和文献记录绘制复原的。

对于此处侍臣常服中所使用的配饰，主要为常服中所佩戴的金玉带。根据《旧唐书·舆服志》中的记载，"一品已下带手巾、算袋，仍佩刀子、砺石，武官欲带者听之。文武三品已上服紫，金玉带。四品服深绯，五品服浅绯，并金带。六品服深绿，七品服浅绿，并银带。八品服深青，九品服浅青，并鍮石带。庶人并铜铁带。"金玉带为三品以上文武官员所佩戴的一种以金和玉作为装饰而制作的腰带（图1-72）。

1.4.5　明光铠的推定复原

明光铠是中国古代的一种铠甲，最早文字记载见于三国时期曹植所作《先帝赐臣铠表》。明光铠在南北朝时期就已经开始发展，到唐朝时期发展最盛，是唐朝军队装备的最主要的铠甲，名列《唐六典》的甲制之首，推定复原效果见图1-73。据《唐六典》记载，"甲之制十有三：一曰明光甲，二曰光要甲，三曰细鳞甲，四曰山文甲，五曰鸟锤甲，六曰白布甲，七曰皂绢甲，八曰布背甲，九曰步兵甲，十曰皮甲，十有一曰木甲，十有二曰锁子甲，十有三曰马甲。"唐朝铠甲有明光、光要、细鳞、山文、鸟锤、白布、皂绢、布背、步兵、皮甲、木甲、锁子、马甲等十三种。其中明光、光要、锁子、山文、鸟锤、细鳞甲是铁甲，皮甲、木甲、白布、皂绢、布背则不是铁甲，而是以其他材质制作而成的，因此也以制造材料而命名。明光铠名字的来源，相传是因为其铠甲胸前和背后有圆形护甲。因为这种圆形护甲大多以铜铁等金属制成，并且打磨得十分光亮，类似镜子。在战场上穿明光铠，由于太阳的折射反光，会发出耀眼的光亮，故取名"明光"。明光铠发展到唐代，制作时不仅讲究工艺，同时还讲究外观华美，因此往往会在铠甲上涂上金漆或绘有各种花纹。相传唐太宗李世民还是年轻将

◎ **图1-73**　明光铠推定复原效果图

领时，就曾身披金甲，陈铁骑一万人、甲士三万人，在太庙前举行凯旋礼。

此款明光铠是根据 1972 年出土于陕西省礼泉县郑仁泰墓的陶俑复原绘制的。陶俑头戴兜鍪，身着明光铠，绿地宝相花吊腿垂至靴面，足蹬黑靴，肩部披膊，上部为龙头状，从龙口之中吐出饰金边的披膊（图 1-74）。

明光铠共分八个部分，分别为兜鍪、胸甲、肩革、披膊、臂鞲、护腰、甲裳、吊腿，每个部分都有其作用。兜鍪是作战时使用的头盔，又称"胄"，是防护头部的护具；胸甲主要用于对胸部的防护，分左右两部分，每片胸口部位装有一个小圆形护镜，在背部以带扣连接；而肩革为保护肩部和颈部的皮质护具；披膊是用以保护肩膊的护具；臂鞲为手臂处所佩戴的一种袖套，用于对手腕部进行防护；护腰是用于保护腰部的护具；甲裳为穿着于腰部以下的盔甲，分左右两个部分组成，为下身护具；吊腿是小腿位置所穿着的护具（图 1-75）。

◎ **图1-74** 郑仁泰墓陶俑

兜鍪　　　　　　　胸甲　　　　　　　肩革

披膊　　　　　　　臂鞲　　　　　　　护腰

甲裳　　　　　　　吊腿

◎ **图1-75** 明光铠拆分推定复原效果图

1.5　长安地区服饰推定复原效果图
（图1-76~图1-86）

凤冠

凤冠因以凤凰点缀而得名，为唐朝后妃的冠饰，其通常以金丝堆累工艺制成金花、龙凤等图样，并装饰有宝石、珍珠、贝壳、玉石等珠宝。

蔽膝

穿着于大袖深衣之上，且用以蔽护膝盖的一种服饰。蔽膝通常以棉、麻、革等面料制作。颜色为深青色，以深红色包边，上面绣有山雉章纹。

翟翟纹

翟翟为一种全身带有五彩羽毛的山雉，也就是我们现今所说的红腹锦鸡。为皇后或身份特别尊贵的女子才能使用的纹样，通常象征着文采卓越、智慧过人。

高头履

唐朝女子的鞋子头部高高翘起，通常以锦、麻、丝、绫等布帛制成。

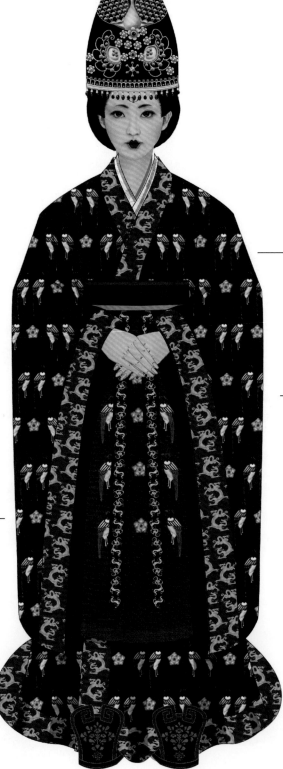

皇后画像 宋

图上出现的款式颜色和《旧唐书·舆服志》中描述的基本一样。因此能够初步推断出袆衣的款式。

大带

系于大袖深衣之上的腰部位置，类似于现代的腰带。分正反两层，正面为深青色，与深衣颜色一致，反面为朱红色。大带的上边缘以朱红色的丝绸包边，下边缘以绿色的丝绸包边。穿戴时用青色的盘扣固定。

大袖深衣

唐代深衣款式为右衽交领。衣为深青色丝织面料所制成，其上绣有五彩羽毛的长尾山雉，也就是我们现今所说的长尾锦鸡。

图1-76 长安地区女子袆衣推定复原效果图

簪子

簪子,又称簪、发簪、冠簪,是用以固定头发的一种发饰,同时有装饰发髻的作用。簪子的材质通常有金、银、铜和荆枝等,另外还有竹、木、玉石、玳瑁、陶瓷、骨、牙等各种材质,品类繁杂,且造型多样。

花钿

唐朝女子眉间的装饰物。此款源于新疆吐鲁番张礼臣墓绢画《弈棋仕女图》中的花钿图形。

高头履

唐朝女子的鞋子头部高高翘起,通常以锦、麻、丝、绫等布帛制成,上部有金线或刺绣图案装饰。

六瓣单层宝相花

钿钗礼衣中所绘制的宝相花纹为六花瓣单层的宝相花纹,由单一的一种具有六片花瓣的花型构成。与鞠衣中所出现的宝相花纹完全不同,是根据敦煌莫高窟唐朝第57窟南壁的菩萨服饰纹样绘制的。

篦梳

梳篦原为一种古老的梳理头发之用具。由于梳篦是妇女必备之物,几乎梳不离身,后便形成了插梳的风尚。梳篦也渐渐成为了一种首饰,被插于发髻之上,以作装饰。唐代画家张萱所绘《捣练图》中的仕女形象就有插梳篦的造型。

图1-77 长安地区女子钿钗礼衣推定复原效果图

如意几何纹

如意，原本为古代的一种搔痒工具，其潜在含义为"不求人""可顺人意""称心"，故取名为如意。后被人们按其形状以图形形式绘制成纹样，装饰于生活用品和服饰上，具有称心如意、吉祥如意等美好的含义。

宝相花纹

宝相花纹是一种将多种自然形态的花朵进行艺术处理，将多种花型叠加，以一种放射的形态而组成为圆形的纹样。宝相花纹在佛教之中有"宝相庄严"的意思。

抹胸长裙

穿着时里面不穿内衣，袒胸脯于外，提至胸上或腋下，裙身款式宽而长，常以多幅布帛拼制而成，上面刺绣有宝相纹样。

高头履

唐朝女子的鞋子头部高高翘起，通常以锦、麻、丝、绫等布帛制成。

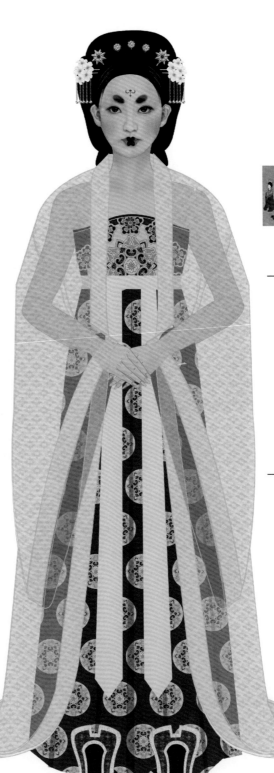

《簪花仕女图》唐

此画中的抹胸襦裙和薄纱披衫的款式搭配是唐朝时期较为具有特点的搭配形式，同时也反映了唐朝时期社会经济文化的开放程度。

绸带

用于固定裙身，通常以绸缎制作而成，以系扎的形式作固定之用。

薄纱披衫

穿着于最外层的服装。通体半透明，搭配内层襦裙穿着，为唐朝较为典型的长衫款式。

图1-78　长安地区女子鞠衣推定复原效果图

郡君太夫人供养人像

翟衣的复原参考了敦煌莫高窟第138窟东壁的郡君太夫人供养人像。

凤钗

凤钗为一种女性头饰，属于钗子的一种，用来固定和装饰发型妆容。此款因钗头为凤凰形态，故而命名为凤钗。

花钿1

唐朝女子眉间的装饰物，大致有两种，其一以金箔、黑光纸、鱼鳃骨、螺钿壳、云母片等材料，剪成各种花朵形状，贴于眉心处的花钿。其二以绘画形式绘成各种多变抽象图案，并剪出贴于眉心的花钿。此款花钿图案源于吐鲁番阿斯塔那古墓出土的唐朝绢画仕女图中的样式。

花钿2

唐朝女子眉间的装饰物。此款根据新疆吐鲁番张礼臣墓绢画《弈棋仕女图》中的花钿图形绘制。

高头履

唐朝女子的鞋子头部高高翘起，通常以锦、麻、丝、绫等布帛制成。

披帛

披于最外层，通常以轻薄的纱织帛巾制作。此款披帛为《簪花仕女图》中的款式。披帛横幅较短，但长度很长，类似飘带。

大袖对襟长衫

穿着于最外层的服装，通体为稳重的藏青色，以厚棉制成，上面刺绣有鸟衔花草纹图案，并排列九层。其衣襟与袖口处为深红色厚棉布制成，并绣有两种颜色的几何花纹，分别对应排列。

抹胸长裙

穿着于长衫里面，不穿内衣，袒胸，裙身提至胸上或腋下穿着，裙身款式宽而长，常以多幅布帛拼制而成。

图1-79　长安地区女子翟衣推定复原效果图

三彩梳妆女坐俑

在西安王家坟出土的唐代三彩梳妆女坐俑。

步摇

中国古代妇女的一种首饰，由于其通常具有流苏、坠子等垂挂物，走路时会摇动，故取名为步摇。

耳坠

古代女子的装饰物之一，是戴在耳朵之上的饰品。

花钿

唐朝女子眉间的装饰物。此款根据新疆吐鲁番张礼臣墓绢画《弈棋仕女图》中的花钿图形绘制。

高头履

唐朝女子的鞋子头部高高翘起，通常以锦、麻、丝、绫等布帛制成。

袒领短襦

襦衫领口宽大，多穿在半臂之内，是唐代女子常穿的一种服装形制。

半袖

多穿在襦衫之外，袖长及肘，身长及腰。唐代半臂极为普及，是男女皆可穿着的宫廷常服。

长裙

与袒领短襦搭配穿着的一款长裙，由于裙幅增加，褶裥增加，从而形成百褶裙的样式。

图1-80 长安地区女子半臂推定复原效果图

联珠团窠纹

联珠团窠纹是以一个基本骨骼为平排连续的圆形组成作用性骨骼，圆周边饰联珠作边饰，圆心饰鸟或兽纹，圆外的空间饰四向放射的宝相纹。此纹是唐朝时期常见的一种纹样。

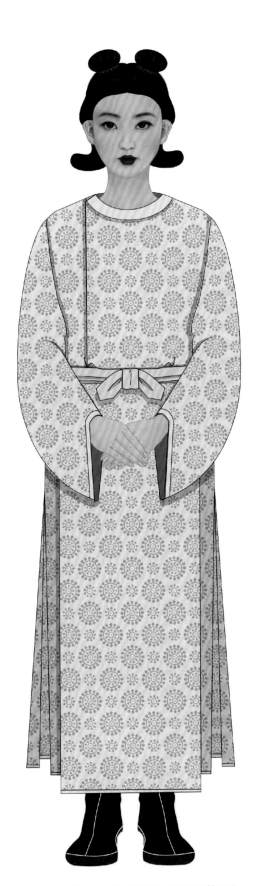

近侍女壁画

此壁画出自敦煌莫高窟第151窟，本款服饰复原主要是以此壁画为依据而绘制的。

腰带

唐朝女子"女着男装"时搭配的一种腰带，以丝绸系扎的形式绑系于圆领袍衫之上。

圆领袍衫

乌皮六合靴

唐朝男子常用的一款以黑色皮革制作的履。采用六块皮革制成，舒适合脚。

原为男子穿着的常服，由于其穿着方便等特点，成为了唐朝女子十分喜爱的款式。

图1-81 长安地区女子圆领袍衫推定复原效果图

冕冠

冕冠以黄金饰品装饰，前后分别垂挂十二串珠子。冕的两侧分别挂有充耳，下垂于耳部位置，通常用于装饰，也可以塞耳避听。冕冠则以玉簪子的形式佩戴固定于头部。

敦煌莫高窟第220窟东壁帝王衮冕图

衮冕共配有十二章纹样，分别为日、月、星、龙、山、华虫、火、宗彝、粉米、藻、黼、黻。十二种图案分别代表着不同意义。

裙裳

与大袖衫搭配穿着，为唐人常用的下体之衣。

舄

和履相同。古人穿着的鞋子头部高高翘起，通常以锦、麻、丝、绫等布帛制成。此款鞋子为帝王穿用的鞋子，其上应装饰有黄金饰品。

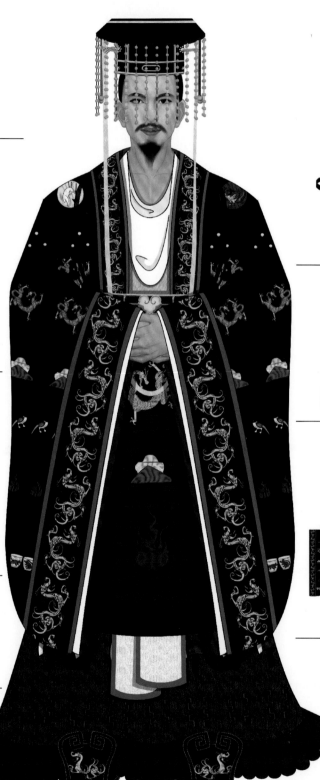

大带

唐朝礼服所用腰带，常系于外袍之上，用丝线织成。

蔽膝

围于裙裳之外，是用以蔽护膝盖的一种服饰，通常遮盖大腿至膝部的部分。

大袖衫

穿着于最外层的对襟衫，使用时与裙裳搭配穿着。其上有十二章纹样，其中八章"日、月、星、龙、山、华虫、火、宗彝"刺绣在袍衫之上。

图1-82　长安地区帝王衮冕推定复原效果图

软脚幞头

软脚幞头以纱罗制作,其两角像带子自然下垂至肩部或颈部。质地较软,故被称为"软脚幞头"。是唐朝时期男子常用的一款首服。

宋人摹阎立本绘唐太宗立像

画中绘唐太宗身着黄袍,双手握腰带而立,头戴幞头(唐时一种头巾软帽),身穿赭袍佩玉带,英气逼人。

乌皮履

唐朝男子常使用的一款以黑色皮革制作的靴子。

玉革带

古代帝王腰带,通常以皮革和金玉宝石等搭配制作。此款根据宋人摹阎立本绘唐太宗立像绘制。

圆领袍衫

穿着于最外层的一款袍服,袍服上绣有龙纹,且颜色为赤黄色,为唐朝帝王专用款式。此款根据宋人摹阎立本绘唐太宗立像绘制。

图1-83　长安地区帝王常服推定复原效果图

章怀太子墓《礼宾图》

根据《武德令》，侍臣服有衮、
鷩、毳、绣、玄冕及爵弁、远游、
进贤冠、武弁、獬豸冠，凡十等。

武弁

武弁，又称纱笼、笼冠，是一种
用很细的纱制作的笼冠。冠两
侧系缨，笼冠里面是平巾帻，以
簪子固定于头部佩戴。

裙裳

与大袖衫搭配穿着，为唐人常
用的下体之衣。

舄

和履相同。古人穿着的鞋子头
部高高翘起，通常以锦、麻、丝、
绫等布帛制成。

蔽膝

围于裙裳之外，是用以蔽护
膝盖的一种服饰，通常遮盖
大腿至膝部的部分。

大带

唐朝礼服所用腰带，常系于
外袍之上，用丝线织成。穿
着时系于腰间，下垂部分似
飘带露出。

大袖衫

穿着于最外层的对襟衫，使
用时与裙裳搭配穿着。

图1-84 长安地区侍臣朝服推定复原效果图

襕衫

襕衫为圆领袍衫的一种,在袍衫的膝盖处加有一道接缝,被称为"横襕"。

软脚幞头

幞头又称为折上巾,在唐朝有"硬脚"和"软脚"之分,是唐朝时期男子常用的一款首服。软脚幞头以纱罗制作,其两角像带子自然下垂至肩部或颈部。质地较软,故被称为"软脚幞头"。

乌皮履

唐朝男子常使用的一款以黑色皮革制作的靴子。

革带(金玉带)

唐朝礼服所用腰带,常系于外袍之上,用丝线织成。穿着时系于腰间,下垂部分似飘带露出。

大袖衫

穿着于最外层的对襟衫,使用时与裙裳搭配穿着。

图1-85 长安地区侍臣常服推定复原效果图

兜鍪

兜鍪是作战时戴的盔，又称"胄"，也是防护头部的护具。

胸甲

分左右两部分，每片胸口部位装有一个小圆形护镜，与背部以带扣连接。主要用于对胸部的防护。

肩革

保护肩部和颈部的皮质护具。

披膊

用以保护肩膊的部分，并以龙头造型装饰。

吊腿

穿着于小腿位置的衣物。

护腰

护腰是甲衣中用于保护腰部的部分。

臂韝

手臂处佩戴的一种袖套，保护小臂和手腕。

甲裳

穿着于腰部以下的盔甲，由左右两个部分组成，为下身护具。

图1-86　长安地区明光铠推定复原效果图

参考文献

［1］刘昫.旧唐书［M］.北京：中华书局，1975.

［2］欧阳修，宋祁.新唐书［M］.北京：中华书局，1975.

［3］李林甫，陈仲夫.唐六典［M］.北京：中华书局，1992.

［4］杨志谦，张臣杰.唐代服饰资料选［G］.北京：北京市工艺美术研究所，1979.

［5］周汛，高春明.中国古代服饰风俗［M］.西安：陕西人民出版社，2002.

［6］华梅.中国服装史［M］.天津：天津人民美术出版社，2005.

［7］周锡保.中国古代服饰史［M］.北京：中国戏剧出版社，1984.

［8］邹加勉，苏煜，崔进山.中国传统服饰图案与配色［M］.大连：大连理工大学出版社，
2010.

［9］徐正英，常佩雨，译注.周礼［M］.北京：中华书局，2014.

CHAPTER 2 党项服饰

　　党项又称"党项羌"，是古羌族的一支。自唐朝建立后，吐谷浑和党项时而滋扰唐朝西北诸州，同时又向唐朝"朝贡"。贞观年间，唐朝内部局势稳定下来，突厥衰弱，唐太宗对邻近各族采取"招抚"政策。党项细封氏等诸姓酋长相次率部落皆来内属，请同编户。《新唐书·党项传》载，唐朝政府"拜赤辞为西戎州都督，赐姓李氏，自此职贡不绝"。唐朝贞观之后，吐蕃势力北上，于唐高宗龙朔三年（663）灭吐谷浑，党项诸部或为吐蕃征服，或被迫内迁，这是党项族的第一次大规模内迁。这种内迁始于贞观末，高潮是在永隆元年左右，一直持续到天宝末年安史之乱前。地理分布范围大致在陇右道的洮、秦、临等州和关内道的庆、灵、夏、银、胜等州之内。唐天宝十四年（755）安史之乱爆发后，由于唐朝内部混乱，河陇空虚，吐蕃出兵进逼关内，党项与吐谷浑、突厥奴剌部也向东劫掠，与唐朝时战时降。结果就是内迁徙的党项向东进行了第二次较大规模的迁徙，总的趋势是原在陇右北部诸州的内迁党项向东进入关内道的庆、夏、盐、灵等州，而原在庆、灵、夏等州的党项向东迁至银、绥等州，甚至有渡过黄河向河东地区迁徙的。这个时间段大约起于安史之乱之后的至德年间，一直到永康元年，前后约10年时间。经过两次迁徙之后，内迁党项逐步按照地域形成了"六州部落"、"东山部落"和"平夏部落"。中唐以后，内迁的党项部落更为分散，与室韦、吐谷浑、汉族等杂居相处，逐步按照地域形成了一些大的部落联盟。唐朝后期，随着中央统治势力的削弱，拓跋氏凭借党项羌部落势力的强大，在陕北地区开始建立地方割据政权。公元9世纪末，拓跋思恭为唐僖宗表嘉，升任夏州节度使，赐姓李，封夏国公，辖夏州地区，包含夏、绥（今绥德）、银（今陕西榆林东南）、宥（今靖边东）四州，于是就成了名副其实的藩镇。

◎ 图2-1　男供养人（出自俄罗斯艾尔米塔什博物馆）

◎ 图2-2　黄地联珠花树卷草纹锦残片（大英博物馆）

2.1　党项服饰的整体风貌

公元 7 世纪前，党项族的先民居住在青藏高原的黄河河曲一带，过着以游牧为生的原始氏族生活。吃、住、衣、行依靠畜牧业和畜产品。此时期党项的冠帽多用毛皮等制成，冠帽的色彩、样式相对单调，没有形成制度。党项族在西夏时期的文官和一些平民的服饰汉化程度较深。文官服饰基本上与唐朝官员服饰无异，有幞头、襕袍等。平民服饰，男子多穿交领或圆领窄袖短衫，下着裤，与中原王朝的平民服饰相似。党项贵族妇女服饰有五大特点：第一，服装搭配方式均为袍裙组合的形式，头梳高髻戴冠，足穿尖钩履。第二，外袍长度有的仅过膝，有的长及脚踝，只露出一道裙边，均为右衽、窄袖的形式，领口及开衩处有镶边。第三，裙为"细裥褶裙"。袍长较短的可看到露出的裙子部分有两层褶裥，袍长及脚踝的只能看到裙子的一层褶裥边缘。第四，所戴四瓣莲蕾形金珠冠，冠后插花钗，冠侧有长带垂下。第五，头梳高髻，额前及两鬓头发作波浪形，余发有作披肩的形式。

1909 年黑水城出土，现藏俄罗斯艾尔米塔什博物馆的一幅具有藏传佛教风格的《比丘像》卷轴画（图 2-1），其左右下角有男女施主两人。左下角男供养人头戴金贴起云镂冠，应该是西夏武官形象，穿红色圆领窄袖袍，腰间系有白色黑边抱肚，抱肚由宽带连接，宽带束在腹前。抱肚是唐后期出现的一种戎服附件，成半圆形围于腰间，其作用是为了防止腰间佩挂的武器与铁甲因碰击、摩擦而相互损坏。复原图中武官留有山羊胡，头戴起云镂空金冠，内穿交领长袍，外穿圆领襕衫，腰系神树纹抱肚。神树纹原型来自盛唐至中唐时期黄地联珠花树卷草纹锦残片（图 2-2），锦作黄地，以浅蓝、白色两色显色。团窠内是一枝三叉的花树图案，团窠采用二二方式错排，团窠间以卷云式花卉装饰。同类织锦在新疆阿斯塔那墓地亦曾出土。

安西榆林窟第 29 窟南壁门西侧上层三身女供养人像保存比较完整、清晰（图 2-3），女供养人均双手合十，持花枝，作供养之状。西夏贵妇头戴莲蕾形冠，着右衽、窄袖、高开衩长袍，领口有五层，最外层是袍领，第二层只能在领口及右侧开衩处略见局部，属内衣形式。开衩处有不同颜色的镶边，领口亦有镶边，袖口露出一道与袍身不同颜色的镶边，颜色比领口镶边略浅，似为袖口镶边，也可能为里衣露出的袖口。党项女子多数梳高髻，并在髻上罩戴冠子。对于这种冠子，学者们说法不一。依壁画上所绘，此冠有四梁，尖圆形，沿梁有金珠装饰，似为一种硬质小冠，且侧面有系带垂下，称为"四瓣莲蕾形金珠冠"。此冠可能是在回鹘妇女桃形金冠的基础上发展而来的，是独具西夏特色的一种贵族妇女

◎ **图2-5** 女供养人头饰（出自莫高窟第148窟）

◎ **图2-3** 三身女供养人像（出自安西榆林窟）　　◎ **图2-4** 《持经观音图》局部（出自黑水城壁画）

冠饰。黑水城出土的四幅佛画中有五名女供养人也戴类似的冠饰。西夏对于女性冠帽似有一定规定，目前所见带冠帽的形象大都为贵族、官员家眷及较富有人家女子。复原图中女子头戴莲蕾形冠，额前及两鬓头发作波浪形，身穿右衽长袍，两侧镶边开衩，袍长及膝。依壁画、绘画图像来看，西夏贵族妇女所着裙装应为"褶裙"样式，但是大部分被外袍遮盖，仅露出胫部一截，是否为"百褶"不能定论。

黑水城出土的一幅《持经观音图》的右下角为两名女供养人（图2-4），皆穿红色交领窄袖长袍，袍长较长，袍身上有白色团花纹样，高开衩。在外袍外，党项女性还应该穿有类似单衫的衣物，款式仍为右衽，左右是否开衩不明。西夏妇女所着外袍形制为交领，领口处缀有绘有团花纹样的镶边，右衽形式，右侧以系带形式固定，袖口较窄，开衩较高，且为两边开衩，开衩处有镶边，袍长及小腿肚。复原图女供养人没有戴"四瓣莲蕾形金珠冠"，而是莫高窟第148窟中一名女供养人头饰。该壁画中供养人头梳少见的高髻（图2-5），其髻较一般发髻细且高，而两络鬓发更是垂于胸前，余发披肩，发上插簪钗。外袍是白底小花刺绣，款式借鉴了楼兰壁画墓出土彩绘绢衫，包铭新等在《西域异服：丝绸之路出土古代服饰艺术复原研究》中对此绢衫有详细的介绍和服饰复原。

榆林窟第29窟南壁东侧上列西夏沙州三身供养人身后跟随的三身少年僮仆形象皆秃发（图2-6），第二身少年僮仆身着窄袖缺胯衫，前后摆提起扎于腰带下，下穿窄裤，膝下裹行藤，行藤自足至膝缠绕，一圈一圈缠绕而上，足登麻鞋。《中国服饰名物考》一书中解释缺胯衫，认为是属普通百姓穿着的短衫，长不过膝，是为了便于劳作，往往在衫的胯部开以四衩，前后左右各开一衩，名"缺胯衫"。据史料记载，党项族有秃发的习俗，李元昊上台以后，第一道命令就是秃发令，宋朝以后，秃发便是党项的标志之一，所以壁画中僮仆秃发；而在唐朝，秃发令还没有提出，复原图中党项僮仆不应该是秃发，所以改为散发。僮仆身穿圆领粗麻缺胯衫，腰系粗腰带，穿长裤裹行藤，脚穿编织的草鞋，是典型的平民装扮。

◎ **图2-6** 西夏沙州三身供养人（出自榆林窟第29窟）

2.2　党项服饰的复原

2.2.1　党项女供养人服饰图像复原

《持经观音图》的右下角为两位女供养人（图2-5）。她们皆穿红色交领窄袖长袍，袍长较长，袍身上有白色团花纹样，右衽形式，右侧以系带形式固定，袖口较窄，开衩较高，且为两边开衩，开衩处有镶边。在外袍外，党项女性还应该穿有类似单衫的衣物，款式仍为右衽。复原图头饰采用莫高窟第148窟中一名女供养人头饰，壁画中供养人头梳少见的高髻（图2-5），其髻较一般发髻细且高，而两络鬖发更是垂于胸前，余发披肩，发上插簪钗。外袍是白底小花刺绣，款式借鉴了楼兰壁画墓出土彩绘绢衫。根据以上文字描述绘制推定复原图（图2-7）。

2.2.2　党项僮仆服饰图像复原

西夏沙州供养人僮仆身着窄袖缺胯衫，前后摆提起扎于腰带下，下穿窄裤，膝下裹行縢，行縢自足至膝缠绕，一圈一圈缠绕而上，足登麻鞋。史料记载，党项族有秃发的习俗，李元昊上台以后，第一道命令就是秃发令，宋朝以后，秃发便是党项的标志之一，所以壁画中僮仆秃发；而在唐朝，秃发令还没有提出，复原图中党项僮仆不应该是秃发，所以改为散发。僮仆身穿圆领粗麻缺胯衫，腰系粗腰带，穿长裤裹行縢，脚穿编织的草鞋，是典型的平民装扮。根据以上文字描述绘制推定复原图（图2-8）。

◎ **图2-7** 党项女供养人服饰推定复原效果图

◎ **图2-8** 僮仆服饰推定复原效果图

2.2.3 党项武官服饰图像复原

西夏武官，穿红色圆领窄袖袍，腰间系有白色黑边抱肚，抱肚由宽带连接，宽带束在腹前。抱肚是唐后期出现的一种戎服附件，成半圆形围于腰间，其作用是为了防止腰间佩挂的武器与铁甲因碰击、摩擦而相互损坏。复原图中武官留有山羊胡，头戴起云镂空金冠，内穿交领长袍，外穿圆领襕衫，腰系神树纹抱肚。神树纹原型来自盛唐至中唐时期黄地联珠花树卷草纹锦残片（图2-2），锦作黄地，以浅蓝、白色两色显色。团窠内是一枝三叉的花树图案，团窠采用二二方式错排，团窠间以卷云式花卉装饰。同类织锦，新疆阿斯塔那墓地亦曾出土。根据以上文字描述绘制推定复原图（图2-9）。

2.2.4 西夏贵族女子服饰图像复原

西夏贵妇头戴莲蕾形冠，着右衽、窄袖、高开衩长袍，领口有五层，最外层是袍领，第二层只能在领口及右侧开衩处略见局部，属内衣形式，应与宋朝单衫无异。开衩处有不同颜色的镶边，领口亦有镶边，袖口露出一道与袍身不同颜色的镶边，颜色比领口镶边略浅，似为袖口镶边，也可能为里衣露出的袖口。复原图中女子头戴莲蕾形冠，额前及两鬓头发作波浪形，身穿右衽长袍，两侧镶边开衩，袍长及膝。依壁画、绘画图像来看，西夏贵族妇女所着裙装应为"褶裙"样式，但是大部分被外袍遮盖，仅露出胫部一截，是否为"百褶"不能定论。根据以上文字描述绘制推定复原图（图2-10）。

◎ **图2-9** 西夏武官服饰推定复原效果图

◎ **图2-10** 西夏贵族女子服饰推定复原效果图

2.3 党项服饰推定复原效果图（图2-11~图2-15）

高髻头饰

发髻细且高，而两络鬓发更是垂于胸前，余发披肩，发上插簪钗。

单衫

在外袍外，党项女性还应该穿有类似单衫的衣物，款式仍为右衽，左右通常开衩。

皮靴子

游牧民族由于自己的生活习惯，基本都脚穿皮靴。

刺绣面料

这款刺绣面料是单衫的面料，图案为花卉。

◎ **图2-11** 党项女供养人服饰推定复原效果图

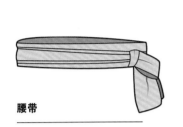

腰带

西夏沙州供养人僮仆腰系粗腰带,用以保暖和防止衣服散开。

缺胯衫

缺胯衫,被认为是属于普通百姓穿着的短衫,长不过膝,为了便于劳作,往往在衫的胯部开以四衩,前后左右各开一衩,名"缺胯衫"。

行藤

在小腿上缠绕裹腿,古人叫作"行藤"或"邪幅"。其一则便于行走,其次为了防止长时间行走带来肌肉疲劳。

草鞋

草鞋是党项百姓常见的足履,经济实用,制作简单。

◎ **图2-12** 党项僮仆服饰推定复原效果图

起云镂空金冠

起云镂空金冠制作精美，材质为黄金，证明了当时党项民族的生产力已经相当高超。

黄地联珠花树卷草纹锦残片

锦作黄地，以浅蓝、白色两色显色。团窠内是一枝三叉的花树图案，团窠采用二二方式错排，团窠间以卷云式花卉装饰，同类织锦，新疆阿斯塔那墓地亦曾出土。

抱肚

抱肚由宽带连接，宽带束在腹前。抱肚是唐后期出现的戎服附件，抱肚成半圆形围于腰间，其作用是为了防止腰间佩挂的武器与铁甲因相互碰击、摩擦而损坏。

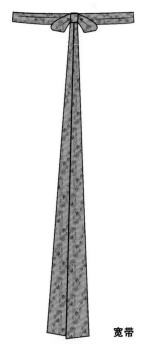

宽带

宽带是固定抱肚、防止抱肚散开的带子。

◎ **图2-13** 西夏武官服饰推定复原效果图

莲蕾形冠

党项贵族女子头戴莲蕾形冠，
额前及两鬓头发作波浪形。

刺绣面料

这款刺绣面料是外袍的面料，
图案为花卉团窠。花卉团窠纹
样是唐朝时期汉民族纹样和西
方纹样交流后产生的创新结
果，证明了当时各个民族的文
化交流。

长袍

党项贵族女子身穿右衽长袍，
两侧镶边开衩，袍长及膝。依
壁画、绘画图像来看，西夏贵族
妇女所有裙装应为"褶裙"样
式，但是大部分被外袍遮盖，仅
露出胫部一截。

皮靴子

党项贵族女子脚穿红色皮靴。
游牧民族由于自己的生活习
惯，脚上基本都穿皮靴。

◎ 图2-14　西夏贵族女子服饰推定复原效果图

◎ **图2-15**　党项服饰推定复原效果图

参考文献

［1］包铭新.中国北方古代少数民族服饰研究·吐蕃卷、党项卷、女真卷［M］.上海：东华大学出版社，
　　2013.

［2］刘永华.中国古代军戎服饰［M］.北京：清华大学出版社，2013.

［3］高春明.中国服饰名物考［M］.上海：上海文化出版社，2001.

CHAPTER 吐谷浑服饰 3

　　吐谷浑，是我国两晋南北朝时期兴起于西北地区的民族。吐谷浑立国三个半世纪，民族一直连续经历十六国、南北朝至北宋近七个世纪，这在中国民族史中实属罕见。吐谷浑政权，由鲜卑慕容部王族吐谷浑率部西迁甘青地区而建立，其社会组织基础是若干部落构成的部族。这些部落的成分，除吐谷浑部落外，还有阴山地区随迁的诸鲜卑部落，先于吐谷浑迁于此地的杂种鲜卑，后来陆续迁入的少量周边民族成员，更有大量的该地区土著居民——羌、氐诸部落。可以说，它在很大程度上是一个古代移民社会。

3.1　吐谷浑服饰的整体风貌

隋末，天下大乱，吐谷浑可汗伏允乘乱收复故地，进攻河西。唐初，与唐朝军队时和时战。贞观九年（635），李靖率唐军深入吐谷浑境内作战，击败之，不久立诺曷钵为可汗。高宗龙朔三年（663），吐蕃族向北扩张，进入河源地区，灭吐谷浑，吐谷浑政权自此破裂，吐谷浑可汗诺曷钵被迫与弘化公主率数千帐迁入凉州。咸亨元年（670），为了牵制日益向西域扩张的吐蕃，唐朝派薛仁贵率军出兵河源地区，并送吐谷浑部回归故地。而后没几年唐军大败，回迁至鄯州浩亹水（今青海大通河）之南的吐谷浑部落"畏吐蕃之强，不安其居，又鄯州地狭"，复迁到灵州（今宁夏灵武县南），唐于故鸣沙县地设安乐州（今宁夏同心县东北韦州）以安之。诺曷钵率部落自迁入安乐州之后，即与其子慕容忠长期居住于此。但约在圣历二年（699）八月，诺曷钵之孙慕容宣超却率领灵州一带的吐谷浑人大举叛乱，"入牧坊掠群马，瘢夷州县"，继而逃入青海故地复国。至久视元年（700）八月，因不堪吐蕃控制，又自愿归唐，率十万众，"突矢刃，弃吐蕃而来"，各部赴河西凉州、甘州、肃州、瓜州、沙州等地降唐，并安置在各州附近。安史之乱后，河西和灵州一带的吐谷浑人，一部分加入唐军，参加了保卫潼关的战斗，一部分因吐蕃的进逼向东迁入盐、庆和夏州朔方县等地。由此可知，唐时期的吐谷浑族极为混乱动荡，族人四分五裂，并逐渐融入中华大家族之中。

吐谷浑人的服饰和发式与"披发、服裘褐披毡"的羌人不同。《魏书·吐谷浑传》记："夸吕椎髻蚝珠，以皂为帽，坐金狮子床。一号其妻为恪尊，衣织成裙，披锦大袍，辫发于后，首戴金花冠。其俗，丈夫衣服略同于华夏，多以罗幂为冠，亦以缯为帽，妇人皆贯珠贝，束发，以多为贵。"吐谷浑可汗、可敦的椎髻辫发分别代表吐谷浑的男女发式，正符合鲜卑髡发、索头、分髻、辫发的习俗。其着小袖袍、小口胯、长裙的衣着，也应是东胡鲜卑的本俗。直至唐代，吐蕃人还认为吐谷浑的食物衣着与契丹相同。至于吐谷浑可汗坐金狮床，可敦戴金花冠，王公贵人带幂篱，则是受到西域的影响。

3.2　吐谷浑服饰的复原

2002 年 8 月，在青海省海西蒙古族藏族自治州德令哈市郭里木乡的巴音河畔，考古工作者发掘了两座古墓，出土棺木三具，棺板上有精美的彩绘图画。其中一块棺板上的彩绘是一位吐谷浑可汗生前的欢乐生活场景，由六组画面组成：即狩猎图、行商图、宴乐图、野合图、射牛祭祀图、贵妇盛典图。画面构图饱满，画法以墨线勾勒，颜色平涂为基本手段，情节具有叙事性，是中国绘画史上独具民族特色的新样式。宴乐图，居画之中心，场面宏大，气势如虹，以明快逼真的手法再现了墓主人生前的一个生活场景。两顶相连的吐谷浑人的百子大帐，大帐绣帘高卷，帐内一男士头戴螺形高帽，神态持重，正与一位穿戴华贵、气度淑雅的女子亲切对酌，此二位应为墓主人夫妇。整个画面气氛热烈，突出吐谷浑人在蓝天白云之下，芳草无涯的原野上宴饮游乐的景象。墓主人夫妇的服饰相同，身穿大翻领左衽长袍，腰系带。

复原图如图 3-1。墓主人头戴锦缎胡帽，这一胡帽形制（图 3-2）在棺板画中多次出现。身穿大翻领左衽长袍，长袍上的图案推定为同墓葬出土的黄地簇四联珠对马锦。以重复组合的圆形二方连续构图为排列图案。腰系皮质玉石革带,实用性和装饰性兼具。随唐代墓葬出土的还有黄地簇四联珠对马锦（图

◎ **图3-1** 吐谷浑男子服饰复原图

◎ **图3-2** 胡帽复原图

◎ **图3-3** 黄地簇四联珠对马锦

3-3）。棺板画右下角，六位贵妇一排站立，她们身着款式不同的袍服，除一个抄手而立外，其余都袖长及地，内衣领口卷起，衣边、袖边均有宽大华丽的饰纹。发式各自不同，一人披头巾，中间那位妇女的身份更似高贵，浓发上盘后束，额头至两鬓饰珠贝宝花，面如满月眉似春山，神态淑娴端庄，雍容华贵。这一组贵妇好像正在迎接贵宾，又似在观看什么盛大的场面或者是行什么妇女的节日仪式。不过有一点是可以肯定的，即在吐谷浑人的社会中，妇女有着较高的社会地位，她们可以和男子平起平坐，可以参加重大祭典，可以群而集会等。复原图如图 3-4。妇女翻领和袖口面料为宝相花刺绣，来自青海省都兰县热水唐代墓葬出土残片，应是西域流入吐谷浑地区的丝织品。棺板画右上方，一头肥硕的黑色牦牛被拴在粗大的木桩上，左旁是一位头戴螺形大帽、蓄八字胡须、身着华服、气宇轩昂的中年男子。他站在绘有云纹的地毯之上，手挽雕弓对准了牛心窝。复原图中，男子头戴螺旋高帽，身穿左衽、续衽钩边的长袍，系腰带，手提弓箭（图 3-5）。牛前有四位衣着有别、发式不同的妇女站成一排，参加吐谷浑人祭天祭祖的盛大礼仪，其中一女端着盘子，上置三只酒杯，另一女正在斟酒，这四名女子可能都是射牛男子的侍从。复原图女子是最靠近手握弓箭射牛的男子的那一位。女子头缠缯帽，身穿大翻领窄袖长袍，

◎ **图3-5** 吐谷浑男子服饰复原图

◎ **图3-7** 吐谷浑女子服饰复原图（二）

◎ **图3-4** 吐谷浑女子服饰复原图（一）

◎ **图3-6** 黑陶女俑

长袍两侧缺胯，露出里面长及膝盖的内衫，面部涂有"赭面"。"赭面"就是用赭红的颜色涂在脸上，有的涂成满面，有的画成对称的条纹，应是由吐蕃民族自远古传下来的习俗，带有原始禁忌的遗痕。木棺板画上的人物不论男女，面部都用赭色涂画，男子涂画较满，女子多是对称画出的条纹，带有某种化妆的特点。

　　黑陶女俑（图3-6）出自陕西省北部唐墓，兰州大学杨建新教授指出，此俑"似为唐代吐谷浑妇女形象"。黑陶女俑姿态端庄，雍容华贵，体态圆润，头顶梳髻，鬓发中分，身穿左衽短衫，胸下系扎丝带，下身着长裙，是上衣下裳的款式。

　　复原图妇女头顶梳髻，饰步摇、耳珰，其上衣面料参照吐鲁番出土的唐代宝蓝地小花瑞锦样式（图3-7），其他面料绘制参考依据则来自邹加勉、苏煜、崔进山编著的《中国传统服饰图案与配色》一书。

3.3 吐谷浑服饰推定复原效果图（图3-8~图3-12）

螺旋帽

螺旋帽，颜色比较单一，多为纯色，帽顶比较尖，有的装有上翻的帽耳，耳上饰鸟羽；还有的在帽沿部分饰有皮毛。式样众多，繁简不一。

革带

吐谷浑男子穿长衫，腰部用大带（丝帛）或革带（皮质）束住。腰带上的装饰品用金、银、铜、犀角等制成。

长靴

喇叭口的靴筒肥大，靴面很精致小巧，前面扁平，鞋面贴紧脚面，穿起来比较合脚舒适。

弓

弓由弓臂和弓弦构成；箭包括箭头、箭杆和箭羽。箭头为铜或铁制，杆为竹或木质，羽为雕或鹰的羽毛。

袍

复原图中男子头戴螺旋高帽，身穿左衽、续衽钩边的长袍，腰系带，手提弓箭。立领长袍至脚踝处，上有菱形彩色底纹。

◎ **图3-8** 吐谷浑男子服饰推定复原效果图（一）

胡帽

胡帽一般多用较厚锦缎制成,也有用乌羊毛制作。帽子顶部,略成尖形,有的周身织有花纹;有的还镶嵌有各种珠宝;有的下沿为曲线帽檐;亦有的装有上翻的帽耳,耳上饰鸟羽;还有的在口沿部分饰有皮毛。式样众多,繁简不一。

革带

革带由带头、带銙、带鞓及带尾组成。鞓也即皮带,外表常用彩色绸绢包裹,故有红鞓、青鞓、黑鞓之别。鞓分为二段,前后各一。前段比较简单,只在一端装有一个带尾,同时带身钻有若干小孔。后面一段饰有带銙,两端各装一个带头,使用时两侧扣合。带尾也称鱼尾等,本来是钉在鞓头以保护革带的一种装置,后也成为了一种装饰。

皮靴

喇叭口的靴筒肥大,靴面很精致小巧,前面扁平,鞋面贴紧脚面,穿起来比较合脚舒适。

黄地簇四联珠对马锦

黄地簇四联珠对马锦以重复组合的圆形二方连续构图为图案骨架,每一个图案单元以两匹对称的骏马为主图案,色彩以褐色为主。

袍

吐谷浑为小袖袍、小口胯、长裙的衣着,也应是东胡鲜卑的本俗。

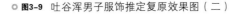

◎ **图3-9** 吐谷浑男子服饰推定复原效果图（二）

耳珰

耳珰是古代女子耳朵上的饰品，相当于今天的耳坠儿和耳钉。种类多，颜色鲜艳，堪称古代的艺术品首饰，而且佛像中塑像也有耳珰配饰。耳珰在我国原始社会就有了，古代耳珰材质多为玉石、陶、煤精等。

步摇

唐时汉族和西域女子非常流行的头饰，材料以黄金和宝石组合居多，名字取其行步则动摇之意。

带鐍

带鐍虽然是革带上的一种装置，但有时也可用于丝带。这种丝带与丝绦不同，它是以丝织物织成的一种宽阔的腰带。腰间同一颜色的腰带，将腰部盈盈系住，凸显女子婀娜多姿。

面料

参考依据来自邹加勉、苏煜、崔进山编著的《中国传统服饰图案与配色》。

宝蓝地小花瑞锦

一种团花纹锦。是经线分表经、里经，纬线分尖纬和交织纬的斜纹经锦。小团窠锦为文锦图案形式。窠，术语，指绫锦织造中界格花纹，以求匀整，也称"擘窠"。彩锦，是五色具备织成种种花纹的丝绸。最常见的是成都小团窠锦，常用作半臂和衣领边缘服饰。特种宫锦，花纹有对雉、斗羊、翔凤、游鳞之状，章彩绮丽，常用于屏风、舞茵帷帐。有彩绫，或本色花或两色花，用于官服，有鸾衔长绶、雁衔威仪、俊鹘衔花等名目；此外还有孔雀罗、樗蒲绫、镜花绫和织造精美的缭绫等。

© **图3-10** 吐谷浑女子服饰推定复原效果图（一）

银发饰

发饰是妇女头部的重要装饰物，能增加其仪容的俊美。古代妇女发饰造型极为富丽而多姿，历代相承，不断变化，从简至繁，又从繁复简，往返交替，有关记载甚多，仅《髻鬟品》记载就不下百余种。

里衬面料

浅色底纹，上有碎花装饰成菱形拼接图案，中间镶嵌一朵六片花瓣的花朵，花蕊颜色鲜艳丰富，显示出雍容华贵之美。

外袍面料花纹

纹饰构成，一般以某种花卉（如牡丹、莲花）为主体，中间镶嵌着形状不同、大小粗细有别的其他花叶组成。

宝相花纹

宝相花纹是一种传统的陶瓷器装饰纹样。将自然界花卉（主要是莲花）的花朵作艺术处理，使之图案化、程式化。由盛开的花朵、花的瓣片、含苞欲放的花，花的蓓蕾和叶子等自然素材，按放射对称的规律重新组合而成的装饰花纹。

长靴

喇叭口的靴筒肥大，靴面很精致小巧，前面有个用以钩住马镫的翘尖，学名叫"靴鼻"。除了钩马镫作用外，它还有个特殊功能，就是穿在位高权重者脚上。

◎ **图3-11** 吐谷浑女子服饰推定复原效果图（二）

礼帽

女性多以彩绸、彩纱包头,男性多戴呢质礼帽,女性出门探亲访友或遇重大节日和礼仪场合,也着礼帽,多以棕色为主。女子把头发从前方中间分开,扎上两个发根,发根上面带两个大圆珠,发稍下垂,并用玛瑙、珊瑚、碧玉等装饰。

外袍面料

深蓝色底纹,上有菱形单色拼接图案,简单素雅。

裙带

名目繁多,形制也十分复杂。但总的来看,可分成两类,一类以皮革为之,古称鞶革,或称鞶带。一类以丝帛制成,古称大带,或称丝绦。也有将这两种腰带统称为大带的。女用腰带称裙带,在腰前中间或一侧系结垂下,多用布帛制作。

长靴

喇叭口的靴筒肥大,靴面很精致小巧,前面有个用以钩住马镫的翘尖,学名叫"靴鼻"。除了钩马镫作用外,它还有个特殊功能,就是穿在位高权重者脚上。

面料

普通布面、细布、粗布、帆布、斜纹坯布、原色布,印染上各种各样颜色和图案,成为平纹印花布、印花斜纹布、印花哔叽、印花直贡。

◎ **图3-13** 吐谷浑女子服饰推定复原效果图(三)

参考文献

［1］司马光.资治通鉴第 202 卷.

［2］马端临.文献通考第 334 卷四裔考十一［M］.北京：中华书局，2011.

［3］欧阳修，宋祁.新唐书·列传第 146 卷［M］.北京：中华书局，1975.

［4］胡小鹏.论吐谷浑民族的形成及其特点［J］.西北师大学报，1992（4）.

［5］程起骏，柳春诚.一位吐谷浑可汗的盛大葬礼［J］.东方文化，2012（1）.

［6］程起骏，罗世平，林梅村.棺板上画的是什么人［J］.中国国家地理，2006（3）.

［7］杨建新.中国西北少数民族史［M］.北京：民族出版社，2003.

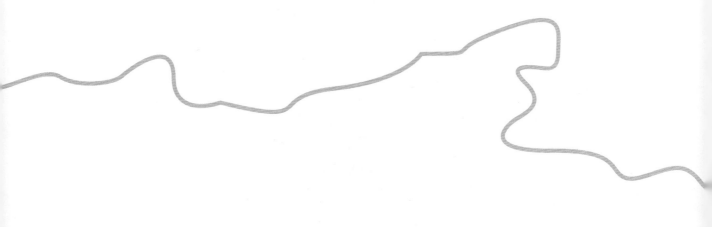

CHAPTER 4
吐蕃服饰

　　吐蕃是指汉文史籍记载的自公元 7 至 9 世纪古代藏族及其政权的名称，吐蕃王朝是西藏历史上第一个有明确史料记载的政权。公元 7 世纪初，吐蕃首领松赞干布在不断的扩张过程中逐渐兼并其邻近的苏毗、羊同等部族之后，定都逻些（今西藏拉萨），建立了吐蕃帝国。公元 7 世纪中叶以后，吐蕃开始向外拓展疆域，公元 8 世纪 50 年代至 90 年代，赤松德赞普进攻河陇二十余州。在吐蕃王朝最为鼎盛时期，西至葱岭，东到今甘肃清水陇山一带，北达河西走廊及腾格里沙漠，南邻尼泊尔、印度恒河北岸，近上千万平方公里。

吐蕃王朝是西藏历史上第一个有明确史料记载的政权，松赞干布被认为是实际建立者。青藏高原各部在吐蕃王朝的统一下凝聚成强大势力，逐渐走出封闭的内陆高原，使得古代藏族社会第一次出现勃勃生机。原本各自为政、分散孤立发展的局面被改变，通过制度、法律、驿站等建设，各个小邦政权和部落联盟得到整合。由于内部人口流动，社会交往面扩大，推动了藏地语言及整个文化层面上的相互沟通，实现了青藏高原文化上的整合与壮大。

公元9世纪中叶以后，吐蕃王朝开始走向衰弱，最后一代赞普郎达玛去世以后，其两个王妃各立一子号令天下，由此引起境内大规模内乱，周边汉、回鹘等民族也趁机联合起兵欲推翻其统治，此后存在长达两个多世纪的吐蕃王朝就此终结。

中唐时期，吐蕃王朝占领河西地区，统治敦煌近70年。吐蕃统治者弘扬佛教，在承袭唐制的基础上继续营建敦煌石窟，在敦煌留下了独特的吐蕃文化艺术。"吐蕃人，妇人辫发而萦之""毡为裘，赭涂面"。文献记载中吐蕃人佩戴的首饰繁多，包括耳饰、项饰、发饰、手镯等。但是在敦煌莫高窟壁画中吐蕃赞普及其侍从的配饰却并不多。

4.1　吐蕃服饰的整体风貌

《册府元龟》记载："人皆用剑，不战，负剑而行。"从上述史料可知，吐蕃王、大臣、贵族和一般军民都喜欢带刀佩剑。吐蕃人在身上所带的刀，一般很短小，相当于匕首，除了用于防身，主要当作宰割牛羊的工具、食肉用膳的餐具和服装上的装饰物。这种小刀有刀柄和刀鞘。刀柄用金、银、铜丝缠绕，刀鞘用金、银、铜皮包裹，上刻花纹，镶以珍宝，制作精致。这种精致的小刀一般是两把交叉斜插在背后革带上或插在腰间革带的两侧。敦煌石窟第159、第231、第360窟东壁吐蕃赞普礼佛图中，其吐蕃侍从均把精致小刀交叉斜插在背后革带上或插在腰间革带的两侧（图4-1）。

◎ **图4-1**　敦煌莫高窟吐蕃赞普礼佛图

4.2 吐蕃男子服饰的复原

赞普服装通常是翻领袍，内着两层内衬，最内为白色交领衫，外套一件内衬的上襦，长至髋部，腰系皮质腰带。"皮质腰带，始于西周。周代礼服之制，革带用以悬佩。魏晋以后加金、银、铜等饰物，唐代始以革带之色彩与銙片标志官品等级。"革带由带头、带銙、带鞓及带尾组成。鞓也即皮带，外表常用彩色绸绢包裹，故有红鞓、青鞓、黑鞓之别。鞓分为两段，前后各一。前段比较简单，只在一端装有一个带尾，同时带身钻有若干小孔。后面一段饰有带銙，两端各装一个带头，使用时两侧扣合。带尾本来是钉在鞓头以保护革带的一种装置，后也成为了一种装饰。虽革带普遍为君臣平民所使用，但是按照质料和銙数的不同划分等级，区分贵贱（图4-2）。

各族帝王听法图位于莫高窟第159窟内东壁南侧偏下的位置。整幅壁画保存十分完好，细节相当清晰。走在队列最前的，是吐蕃赞普以及侍从。赞普为第四身像，左面45度侧身而立于方形台上，头戴红色朝霞冠，平顶，上系红抹额，脑后结系，露出向下垂的头巾角，冠帽与头发相交处有一白边，疑该边为露出的帽子的内衬。耳两侧束髻，红色发绳交叉固定。颈戴红色圆珠链饰。身穿白色左衽翻领袍，领口内露出黑色交领内衬，肩披灰黄色大虫皮云肩，长袖几乎垂到地面，下着绿色红缘重裙以及重裙里层的白色裤子（图4-3）。复原图中的男子造型，外袍复合联珠纹来自莫高窟第158窟卧佛枕上的图案（图4-4）。用花瓣和联珠纹组合构成外环，窠中立一含绶鸟。内衫面料来自吐鲁番市阿斯塔那墓地出土唐西州时期绛地菱格花卉印花纱。腰系灰白色革带，上有间隔的銙状小环。袍身左右两侧从髋部开衩，足蹬乌靴。后

◎ **图4-3** 吐蕃赞普服饰推定复原效果图

a. 款式图

b. 效果图

◎ **4-4** 卧佛枕图案推定复原效果图

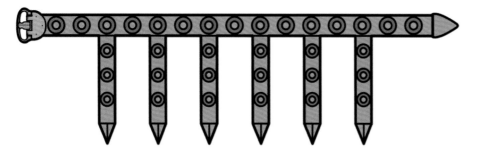

◎ **图4-2** 皮质腰带复原图

a. 样式一正面

b. 样式一侧面

c. 样式二正面

d.样式二背面

◎ **图4-5** 赞夏帽款式推定复原效果图

腰佩短刀，刀柄上方翻领处有一红绳打结。吐蕃人的冠帽，现存五种名称：朝霞冠、赞夏帽、塔式缠头、红抹额和绳圈帽。如，杨青凡《藏族服饰史》中将莫高窟第159窟赞普所戴的冠帽称为"赞夏帽"，而将赞普身前第二身侍从的红色缠头巾称为"绳圈冠"；沙武田描述第159窟赞普冠帽时称其为"红毡高帽"；《敦煌石窟全集24·服饰画卷》中提到第159窟和第360窟赞普冠帽为"赞普戴朝霞冠外系红抹额"（图4-5）；许新国在研究德令哈郭里木吐蕃墓棺板画时认为画上的人物所戴有"绳圈冠"和"塔式缠头"。这五种吐蕃人的冠帽形制和名称并没有严格对应，通常来说，朝霞冠、赞夏帽及塔式缠头形制相似，对绳圈冠和红抹额也不作清晰区分。敦煌壁画中的侍从所戴红抹额明显可见为条带缠绕头颅，头顶露发；而棺板画上的人物所戴的才是绳圈冠，缠绕在头上的部分较之红抹额更为厚实，顶部封闭，不露头发，脑后系住，垂下的头巾长至腰部。绳圈冠颜色多样，从佩戴效果可知比红抹额长许多，较朝霞冠柔软。绳圈冠应是吐蕃早期服饰，一般为侍从或平民的冠帽（棺板画中帐内赞普所戴为塔式缠头），而红抹额是吐蕃占领敦煌时期的冠帽，其形制虽有相似之处，但并非同一冠帽。关于塔式缠头，学者许新国认为郭里木棺板画中帐内盘坐的赞普和张弓射牛的吐蕃贵族头上戴的冠帽为"塔式缠头"，编号P.4524绢画《劳度叉斗圣变》中也有一人戴"塔式缠头"（图4-6）。塔式缠头和朝霞冠形制类似，但比朝霞冠更长，从额头一直向上缠绕，顶部较尖，并向前倾斜，可能在脑后打结并固定，但巾角不外露；颜色以红色为主，兼有其他颜色（如郭里木棺板画中赞普之塔式缠头为白色，其他人物所戴缠头也有褐色；所用织物材料比朝霞冠柔软，但比绳圈

a.正面

b.侧面

◎ **图4-6** 塔式缠头推定复原效果图

冠略硬些。西藏拉萨查鲁蒲石窟中松赞干布造像所戴也是）。这种尖顶的塔式缠头，只是在冠顶有一个小佛头（应该是出于宗教意义，而非塔式缠头的本来形制）。可见，这是吐蕃早期贵族中地位较高者所用的一种冠帽形式。赞夏帽这一称呼多为学者使用，在诸多研究论述中，学者们把尖顶的塔式缠头和平顶的朝霞冠都称为赞夏帽。因此笔者认为赞夏帽可能是吐蕃人对几种不同形制的类似冠帽的统称。总体特点为：条带状织物交叉围绕头颅，高约 15 厘米（平顶朝霞冠）到 20 厘米（尖顶细高的塔式缠头），为吐蕃贵族及地位较高者（君臣都普遍使用）所戴的一种冠帽。

　　莫高窟第 237 窟开凿于中唐时期，东壁的吐蕃赞普礼佛图中，赞普头戴朝霞冠，没有系常见的红抹额，朝霞冠用红艳之色的霞毡制作，色彩与朝霞相似，有霞光万丈、蒸蒸日上的气势，含吉祥之意。吐蕃着左衽素色藏袍，长袖垂地，交领、袖缘和云肩为蓝色，腰系革带。内有交领彩锦衬袍，赤足。藏袍可能与佛教的袒右肩相关，由于吐蕃是笃行佛教的民族，礼佛时毕露右肩，称为偏袒，以示敬意。吐蕃赞普穿素袍，侍卫、大臣穿花锦袍。复原图中的吐蕃男子藏袍纹样来自吐鲁番市阿斯塔那墓葬出土的唐朝时期联珠对鸭锦纹（图 4-7）。

◎ **图4-7** 吐蕃男子服饰推定复原效果图

4.3　吐蕃女子服饰的复原

　　敦煌莫高窟第 159 窟各族帝王听法图中第七身内穿上白下红的长袍，外穿交领黑色短襦，足穿黑靴，头戴与赞普相同的赞夏帽，发披两鬓，用红线扎成小髻，垂在耳际，项饰红色瑟瑟珠。第八身内穿白色长袍，外穿交领黑色短襦，足穿黑靴，头戴黑色浑脱帽，上有绿色叶状纹饰，发披两鬓，用红线扎成小髻，垂在耳际，项饰绿色瑟瑟珠（图 4-8）。第七身和第八身的服饰有点汉化，这两位可能是吐蕃赞普的王妃——"赞蒙"。复原图（图4-9）选择了第八身进行复原，赞蒙头戴绿色叶状黑帽，耳两侧梳髻，身穿翻领长袖短襦，长袖挽于手臂上，短襦面料来自吐鲁番阿斯塔那墓地出土的唐朝的菱形格花卉印花纱（图 4-10）。

　　莫高窟第 147 窟属晚唐时期石窟，石窟内西龛妇女头梳瑟瑟花髻，身穿翻领左衽重袖半臂，帛带束腰，下身着裙，裙摆镶边。这是吐蕃女装的一种样式，适宜劳作，应是日常劳动妇女的常服（图 4-11）。

◎ **图4-8** 莫高窟第159窟瑟瑟珠

◎ 图4-10 菱形格花卉印花
纱推定复原效果图

◎ 图4-9 赞蒙服饰推定复原效果图

◎ 图4-11 吐蕃妇女服饰推定复原效果图

4.4 吐蕃服饰推定复原效果图（图4-12~图4-15）

瑟瑟珠

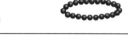

瑟瑟珠在吐蕃、南诏两国也都被视作珍异宝物。吐蕃国"其官之章饰，最上瑟瑟，金次之，银次之，最下之铜止，差大小"。

交领黑色短襦

内穿上白下红的长袍，外穿交领黑色短襦。

腰带

红色麻质腰带，起到装饰效果。

长靴

吐蕃人服装下着长度约至小腿的重裙，裙内则穿裤（通常为白色），长至脚踝，遮盖住乌靴的靴筒，露出鞋面。

赞夏帽

赞夏帽这一称呼多为学者使用，在诸多研究论述中，学者们把尖顶的塔式缠头和平顶的朝霞冠都称为赞夏帽。因此笔者认为赞夏帽可能是吐蕃人对几种不同形制的类似冠帽的统称。总体特点为：条带状织物交叉围绕头颅，高约 15 厘米（平顶朝霞冠）到 20 厘米（尖顶细高的塔式缠头），为吐蕃贵族地位较高者（君臣都普遍使用）所戴的一种冠帽。

下裙

下裙长至鞋面，裙子的颜色，初尚浅淡，虽有纹饰，但并不明显。绣纹样，也仅在裙幅下边一两寸部位缀以一条花边，作为压脚。

◎ **图4-12** 吐蕃女子服饰推定复原效果图（一）

三瓣宝冠

由吐蕃盛时的敦煌壁画可看出君臣服饰的等级差异，藏王一般只有赞普才能使用三瓣宝冠。

衣袍面料纹样

深色底纹，上有花瓣做装饰。

腰带

上襦多用对襟（类似现代的开衫），领子和袖子喜好添施彩绣，袖口或窄或宽；腰间用一围裳，称其为抱腰（现代人称小围腰），外束丝带。

长靴

喇叭口的靴筒肥大，靴面很精致小巧，上有花纹装饰。

衣袍

衣袍为翻领左衽重袖半臂，帛带束腰。

下裙

下裙衣素娟四幅连续合并，上窄下宽。裙子也纳有丝绵，质料用黄娟。

◎ **图4-13** 吐蕃女子服饰推定复原效果图（二）

朝霞冠

吐蕃赞普戴的红色高帽是较为典型的朝霞冠。冠通常为朝霞之红色，缠绕头顶而形成上下等大的筒状冠帽，从帽顶可见织物质地较厚，帽顶有红色，也有白色，在冠帽底部通常露出一个白边。

饰链

饰链按形状划分为侧身链、十字链、麻花链、万字链、子母链、双扣链、铁皮链、网链、圆环链、珠链等。

革带

皮质腰带，始于西周。按周代礼服之制，革带用以悬佩，魏晋以后又加入金、银、铜等饰物。革带由带头、带跨、带鞓和带尾组成。鞓即皮带，外表常用绢绸包裹，故有红鞓、青鞓、黑鞓之分。

乌靴

吐蕃人通常习惯着皮革制的靴，在骑马狩猎时可将裤子塞入靴筒以方便其行动，同时也起到防寒保暖的作用。

翻领袍

白色左衽翻领袍，领口内露出黑色交领内衬，肩披灰黄色大虫皮云肩，长袖几乎垂到地面。翻领的质地主要有丝绸或虎皮（或豹皮），翻出的部分有些与袍身相同，有时为袍之里衬，有时领部整个镶虎皮（或豹皮）。

复合联珠

外袍复合联珠纹来自莫高窟第158窟卧佛枕上的图案，用花瓣和联珠纹组合构成外环，窠中立一含绶鸟。内衫面料来自吐鲁番市阿斯塔那墓地出土的绛地菱格花卉印花纱。

◎ **图4-14** 吐蕃男子服饰推定复原效果图（一）

朝霞冠

朝霞冠应是红色的毛或麻织成的条带形织物，宽约 15 厘米，条带两边可能用白色织物滚边，因此帽顶和底边都为白色；或一边用白色织物滚边，就成了底边为白色、帽顶和帽身为红色的朝霞冠。

佩珠

佩珠，戴在手腕或臂上的佛珠。

联珠对鸭锦

吐蕃赞普只穿素袍，而侍卫、大臣可以穿花锦袍。复原图中的吐蕃男子藏袍纹样来自吐鲁番市阿斯塔那墓地出土的联珠对鸭锦。

长靴

吐蕃人通常习惯着皮革制的靴，在骑马狩猎时可将裤子塞入靴筒以方便其行动，同时也起到防寒保暖的作用。

左衽素色藏袍

吐蕃赞普左衽素色藏袍，长袖垂地，交领、袖缘和云肩为蓝色，腰系革带。内有交领彩锦衬袍，赤足。

皮带

鞓即皮带，外表常用彩色绸绢包裹，故有红鞓、青鞓、黑鞓之分。鞓分为两段，前后各一。前段比较简单，只在一端装有一个带尾，同时带身钻有若干小孔。后面一段饰有带銙，两端各装一个带头，使用时两侧扣合。

◎ **图4-15** 吐蕃男子服饰推定复原效果图（二）

参考文献

［1］尕藏才旦.吐蕃文明面面观［M］.兰州：甘肃民族出版社，2002.

［2］才让.吐蕃史稿：历史［M］.兰州：甘肃人民出版社，北京：人民出版社，2010.

［3］（宋）欧阳修，宋祁.新唐书·吐蕃上［M］.北京：中华书局，1975.

［4］华夫.中国古代名物大典（上）［M］.济南：济南出版社，1993.

［5］何本方，岳庆平，朱诚如.中国宫廷文化大辞典［M］.昆明：云南人民出版社，2006.

［6］段文杰主编，谭蝉雪本卷主编.敦煌石窟全集24·服饰画卷［M］.香港：商务印书馆，2005.

［7］王乐，赵丰.敦煌丝绸中的团窠图案.丝绸［J］.2009（1）：45~47.

［8］谭蝉雪.解读敦煌·中世纪服饰［M］.上海：华东师范大学出版社，2010.

CHAPTER 5
回鹘服饰

　　唐之前的回鹘（也叫回纥）臣服于强大的突厥，至开元末年（741），后突厥内乱，唐朝联合回纥等部进攻后突厥，回纥借机重新崛起，占领漠北的广大地区。天宝三年（744），唐玄宗册封骨力裴罗为怀仁可汗，回鹘汗国自此建立。《新唐书》第217卷《回鹘传》记载此时的回鹘"东极室韦，西金山，南控大漠，尽得古匈奴地"，大概是东至大兴安岭，西至新疆漠北，南至长城，北至贝加尔湖的大漠南北地区。

5.1　回鹘服饰的整体风貌

回鹘，是 Uighur 的古代译名，本义为"联合""汇聚"以及"团结"等意思，这个词在各个历史时期的叫法也不相同，故文献记载中回鹘名称之间相差较大，历史上有袁纥、回纥、回鹘以及畏吾尔名称。译名的变化是由于汉语本身的语音变化造成的，而在不同时期的突厥语文献中，此民族名均无变化，到了近现代汉语统一名称为维吾尔。为了便于叙述，除特殊情况外，本书都统一称之为回鹘。

唐之前的回鹘臣服于强大的突厥，至开元末年（741），后突厥内乱，唐朝联合回鹘等部进攻后突厥，回鹘借机重新崛起，占领漠北的广大地区。天宝三年（744），唐玄宗册封骨力裴罗为怀仁可汗，标志着漠北回鹘汗国自此建立。《新唐书》第 217 卷《回鹘传》记载此时的回鹘"东极室韦，西金山，南控大漠，尽得古匈奴地"。大概是东至大兴安岭，西至新疆漠北，南至长城，北至 贝加尔湖的大漠南北地区。

漠北回鹘历时一个世纪，至公元 840 年为黠戛斯所败。回鹘灭国以后，西迁的回鹘部众主要分为三路迁徙，一支迁往葱岭西楚河一带，称葱岭西回鹘，其后建立喀喇汗国，又称黑汗国。另一支迁往河西走廊，称河西回鹘或甘州回鹘，就是现在的裕固族。最后一支迁吐鲁番盆地，即天山东部的回鹘人以西州、北庭为中心形成一个统一的政体，史书上称西州回鹘或高昌回鹘。公元 840 年后，西迁的河西回鹘一支先后依附于吐蕃和张议潮。唐末五代之际，吐蕃衰弱，河西地区的回鹘逐渐强大，打败了张议潮归义军，逐渐形成了相对独立的回鹘政权。《西夏书事》称："回鹘自唐末浸微，散处甘、凉、瓜、沙间，各立君长。"故甘州回鹘的疆域实东起黄河，西迄瓜州、沙州，南临祁连，北瞰大漠。

西迁到高昌、北庭的高昌回鹘一支实力大为增强，865 年，回鹘首领仆固俊占领了西州、轮台等地。公元 10 世纪初基本形成了高昌回鹘政权，政权中心在西州，东起今甘肃西端，与瓜沙归义军政权为邻，西至中亚两河流域，包括伊塞克湖地区，南自昆仑山北麓与于阗、喀什噶尔一线，北抵天山以北（图 5-2）。

回鹘源于草原民族，包含多个部落民族政体，以单一的传统突厥文化为主。由于地域气候特点以及受突厥等西域民族影响，早期回鹘民族以一种宽大的袍形服装为主，系腰带。《魏书·高车传》记载："高车……其种有狄氏、袁纥氏……其迁随水草，衣皮食肉"，表明回鹘先民早期服装材质以皮毛为主，这能够有效地抵御寒冷。配合长靴，方便穿脱，利于骑射。

随着回鹘汗国的建立，回鹘逐渐"除去其游牧生活，而成所谓城郭之民"。由于社会经济文化发展改变，转向农耕，种棉养蚕，服饰面料发生变化。《宋史·高昌传》载："地有野蚕，生苦参上，可为绵帛。"另《新唐书》卷 146 记载："有草名白叠，撷花可织为布"。可见丝、棉被大量使用，成为回鹘重要的服饰原料。在吐鲁番阿斯塔那 309 号高昌时期墓葬中出土了几何纹织锦，系用丝、棉两种纤维混合织成，可见此时期的西域先民对丝、棉运用的技艺已经达到了较高水平。在《突厥词典》卷 3 中的一则谚语形象地描述道："绸衣要用绸补丁，毛布要打毛布补丁"，亦可证实这一点。同时从洞窟壁画可看出，服饰材质微透轻薄并不是皮毛类材质，而是丝绸类材质。由于服饰种类往往受到材质的影响，加之社会生活习性发生改变，其服装款式除了袖口外，保留西域民族窄袖特点，其他部分的服装款式均有了变化。

5.2 回鹘贵族着装风尚

回鹘男性贵族多身着锦袍，即以锦作面料的长袍，下摆长及脚面，圆领，窄袖，衣为偏襟。同时圆领通长袍可分两类：一类为常规圆领通长袍，另一类为带饰边的圆领通长袍。公元 9 世纪末至 10 世纪中叶建窟的柏孜克里克第 20 窟（图5-1），在大门内左壁里侧有三身回鹘贵族供养人，画面保存完好。此三身男供养人服装款式一致，穿主色为偏赭石红色长袍，面料饰菱形小花瓣纹样，圆领，衣身前部中心有三条拼缝线，右侧下部开衩，这与《新唐书·高昌传》"国人言语与华略同，面貌类高丽，辫发垂之于背。着长身小袖袍，腹裆裤"的描述基本吻合。

◎ **图5-1** 柏孜克里克第20窟男供养人像

◎ **图5-2** 莫高窟第61窟供养人像

◎ **图5-3** 回鹘腰带与蹀躞七事复原图

a.尖顶花瓣形金冠

b.三叉冠

c.桃形凤冠

◎ **图5-4** 回鹘头冠复原图

关于圆领通长袍，沈从文认为是辽、金文献记载中的"番锦袍"，回鹘服装面料纹样则源于流行西域的大食、波斯式回鹘小花锦，不像一般唐式大小团窠蜀锦、串枝花或小簇花锦。当时波斯的染织业十分兴旺发达，其染织艺术也是具有独特的风格，与丝绸之路沿线许多国家都有着贸易往来。波斯锦在回鹘被大量地使用源于贸易，同时有许多波斯纹样以植物为元素来源，符合回鹘民族的自然和谐观念及宗教信仰，再根据图像遗存对比发现，两者服饰图案构成细节颇为近似，由此可见，回鹘圆领通长袍的装饰图案很有可能借鉴吸收了波斯等中亚装饰纹样元素。

回鹘女性贵族服装主要以交领长袍和对襟长袍为主（图5-2），此袍分长袖与短袖，带有领子，服装款式较为宽大。在《新五代史·回鹘传》中记载："回鹘妇人衣着青衣，样式类似中原的道袍。"根据壁画供养人所示，交领长袍形式与仕女所穿的袒胸或圆领宽松长袍相似。而且壁画中女子供养人都佩戴花钿与步摇，这是汉族妇女常佩戴的一种配饰，说明此时服饰已经受到汉族文化的影响。因此交领长袍除了领形与袖口外，在纹样、款式上应是受到汉族妇女服饰影响。

腰带在西域的游牧民族中尤为兴盛，不仅便于骑马奔驰，且方便佩挂日用物件，即在革带上附若干小环，以便悬挂物件。《唐会要》卷三十一载景云二年（711）制："令内外官依上元元年（674）敕"文武官带七事。回鹘大体参照了唐代的制度，腰系带，上垂短刀、长巾、火石袋等（图5-3）。此外回鹘头冠样式独特，雍容华贵，是回鹘民族形象的显著标志。比较有代表性的头冠有桃形凤冠、尖顶花瓣形金冠、三叉冠等（图5-4）。

5.3　回鹘男子服饰的复原

柏孜克里克第20窟，建窟年代在公元9世纪末至10世纪中叶，门内左壁内侧三身男供养人壁

◎ **图5-5**　回鹘男子服饰复原图（一）

画，色彩鲜艳，保存较好。此三身男供养人，除了服装上的纹样，其他的服饰特征几乎完全相同。头上戴着尖顶花瓣形金冠，以红色带系于颔下，黑色的头发从中间分开梳向两侧，纹路清晰，脑后垂着一条条整齐的及腰发辫。偏赭石红色长袍的领口上有一圈白色，应该是里衣颜色，长袍前身中心处有三条竖线，似乎是拼缝线。衣身下部右侧有开衩，极有可能是长袍的开襟位置，开衩处可见黑色靴子。腰系带，上垂短刀、长巾与火石袋等。袖子也比较肥大，但在袖口处收小，仅能拢手。

　　柏孜克里克第20窟的人物造型清晰度较高（图5-5），其头戴尖顶花瓣形金冠，脑后垂了六股整齐的发辫，身着红色长袍。长袍领口露出一圈白色里衣，腰系带，悬挂两件火石袋，短刀一枚，长巾一条，另有两件形制一样，但属于何物尚不明确。经考究，蹀躞七事中名谓与用途明确的有"佩刀、刀子、砺石、针筒、火石袋"，名谓与用途不详的有"契苾真、哕厥"二事。壁画中的供养人腰间悬挂的不明物体，据推测，可能是蹀躞七事中的针筒。辽陈国公主墓中出土过一件錾花金针筒，筒盖錾刻双重覆莲纹，筒身外壁錾刻缠枝忍冬纹，造型十分精美。古代骑士随身携佩针筒，应该主要是用于行军或作战间歇自行简单修补鞍鞯、甲衣等物，如此看来，游牧族男子应普遍会些针线活儿。

　　柏孜克里克第16窟，年代为公元10世纪中叶到11世纪中叶，壁画中的回鹘男供养人形象，已经到回鹘高昌后期。人物所戴三叉冠的冠体底部较小，上部三根柱状物的叉尖呈三角形，外侧两根柱状物底部有自然的弧度造型。三叉冠在其他民族服饰中较为少见，应该为回鹘民族独有的冠饰，大多为武将或者侍从所戴。其主要特征是冠体顶部有竖立的三根柱状物，其供养人身穿圆领长袍，门襟、手臂以及袖口均有装饰，腰带上挂有长巾，并挂有葫芦形袋子、短刀（图5-6）。

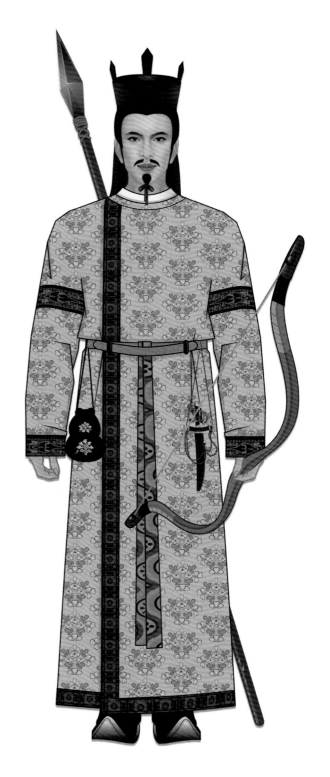

◎ **图5-6** 回鹘男子服饰复原图（二）

◎ **图5-7**　回鹘男子服饰复原图（三）

◎ **图5-8**　黄地簇四联珠对马锦

供养人复原图的绘制，除了三叉冠的原型是来自新疆焉耆县七个星遗址壁画图像，其他服饰形制均是来自柏孜克里克第16窟中戴三叉冠的男供养人像。由于回鹘这一少数民族的冠饰极多，三叉冠也有多种造型，分布于各个遗址中，尤其新疆地区洞窟壁画中出现较多。焉耆县七个星遗址时间大概为公元8至9世纪。第二身男供养人穿白色长袍，所戴头冠虽上部有所残损，但还是可以明显辨别出所戴是三叉冠。冠体竖立三根等高或者中间略高的柱状物，有黑色与褐色两种颜色组合，冠体后部有红色布帛，以红帛系于颈下。供养人身系腰带，腰带垂挂长及小腿的长巾，从壁画中来看供养人的腰带应该有两股，而长巾应该是依附在腰带里面的一股上。

根据现存图像资料发现，扇形冠造型十分特殊，绘制有戴扇形冠的回鹘人物壁画较多，大部分为供养人像，因此它是回鹘比较有代表性的头冠之一。冠体造型犹如一把打开的折扇，从壁画上看，冠的主体扇形部分犹如一个平面，但是应该是有一定厚度的，基本为黑色或者深棕色，没有任何的装饰或者纹样图案。戴扇形冠的男供养人所穿着的服装基本一致，为带饰边的圆领长袍（图5-7）。通过对敦煌、新疆两地戴扇形冠回鹘男供养人的图像分析，他们的身份也属于贵族或官员，级别比戴尖顶花瓣形金冠及三叉冠供养人低，因为在供养人群像中，他们往往排在两者之后。复原图中的男子头戴深色扇形冠，身穿圆领长袍，面料纹样来自青海省都兰县热水唐代墓葬出土的黄地簇四联珠对马锦（图5-8）。开襟位置设有四颗盘扣，盘扣在我国早就有出土，柏孜克里克第33窟一身世俗人物形象的上衣开襟位置就有四颗盘扣的形象，供养人腰系一条麻质粗腰带，另外还系扎一条皮质编织腰带，系扎两条腰带在壁画供养人像中是较为常见的。

5.4　回鹘女子服饰的复原

柏孜克里克第20窟中堂门南侧内壁有三身女供养人像，服饰相同，其中两身保存较好。有一身的榜题还可辨认，大意是："王后殿下之像"，这与文献中所记载的可敦身份相符。她们的冠前后锐形似如意，从图像看应是用金属制成。所穿的红色对襟窄袖长袍，造型也与记载的茜色通裾大襦吻合。回鹘王后长袍内的圆领里衣被画成红色网状。

◎ **图5-9** 回鹘女子服饰复原图（一）

◎ **图5-10** 回鹘女子服饰复原图（二）

◎ **图5-11** 黄地菱格龙璧纹锦

　　复原图中女供养人头饰与壁画中的头饰基本相同，包括如意、金簪、玉钗、羽毛装饰、耳饰与瑟瑟珠。供养人身着刺绣茜色长袍，面料为丝绸材质，袖子肥大，但袖口收小，里衣为深红色网文面料（图 5-11）。由于壁画中的供养人长袍遮住鞋履，不知可敦所穿为何种鞋履，所以复原图中的供养人鞋履为翘头履。翘头履在我国古代鞋子款式中非常常见，唐代的翘头履多以罗帛、纹锦、草藤与麻葛等面料为履面，其样式是为了防止踩到身前的裙子。

　　桃形冠因冠的形状下大上小，形如仙桃而得名，是回鹘女供养人最有代表性的一种服饰，因其特征显著而为大家所熟悉。莫高窟第 61 窟是曹议金第三子河西归义军节度使曹元忠夫妇所建的功德窟，营建于公元 947 年至 957 年。主室东壁门南侧女供养人群像第一身是曹议金夫人回鹘天公主像，第二身是曹议金回嫁给甘州回鹘可汗的女儿供养像，第四、五、六身是甘州回鹘可汗和曹议金女儿所生的三个女儿。这几身供养人像榜题清楚，身份明确，图像保存良好，其服饰特征基本清楚：戴桃形冠，桃形冠外形曲线光滑简洁，发饰也较简单，主要是花钿和步摇，戴多层瑟瑟珠，穿窄袖交领长袍。穿戴这种头冠的回鹘女供养人形象在敦煌、新疆两地都有出现。安西榆林窟第 16 窟应是曹议金执政晚期修建的功德窟，有曹议金回鹘天公主供养像。莫高窟第 108 窟是曹议金的十六妹与夫婿所建的功德窟，营建于 939 年在

◎ **图5-14** 回鹘女子服饰复原图（三）

右，主室东壁门南侧女供养人像行列第一身绘曹议金夫人回鹘天公主供养像。这类女供养人的身份是与曹氏家族联姻的甘州回鹘公主以及她们与曹氏的后代。她们的形象无疑反映了甘州回鹘贵族女子的服饰特征。

复原图中的回鹘供养人头戴桃形凤冠，凤冠上刻有凤鸟图案，步摇插于两侧，梳高髻，鬓发包面（图5-13）。供养人穿戴多层瑟瑟珠颈饰，身穿大翻领长袍，翻领和袖口设置有刺绣图案。腰系带，系带位置在领口下方。复原图中供养人的大身面料来自新疆尉犁县老开屏墓地的黄地菱格龙璧纹锦，如图5-13，丝残长30厘米，残宽17.5厘米。供养人脚穿四瓣花头的翘头鞋。

元宝冠是因为其形如元宝，在莫高窟第148窟、高昌古城出土的摩尼教书籍插图与焉耆七个星遗址出土壁画都有出现。焉耆七个星遗址壁画年代判断为公元9世纪左右，前面的两身女供养人像，服装形制已经不甚清晰，但头冠造型清楚，与莫高窟第148窟女供养人的头冠相似度极高。由于她们后面的四身男供养人像分别戴着三叉冠和圆帽，这都是回鹘男子的典型冠帽，所以这两身女供养人的身份基本也可确定是回鹘族人。

复原图人物的原型是来源于焉耆七个星遗址壁画中的供养人像，其头冠轮廓清晰，为元宝状，并有深色绒毛物环绕，头冠两边斜插金钗，身着大翻领长袍，翻领处有宝相花纹样刺绣（图5-12）。服装面料为吐鲁番阿斯塔那墓葬出土的海兰地宝相花文锦（图5-13）。宝相花是我国的传统纹样蓝，盛行于隋唐时期。

◎ **图5-15** 海蓝地宝相花文锦

柏孜克里克第 18 号窟内门墙上的家族群像，是一组与其他供养人服饰有较大区别的女供养人像。供养人头戴一支花蕾冠和两支花蕾冠同时出现，初步推断头戴双花蕾冠的回鹘女性比戴一支花蕾冠的女性地位较高。花蕾冠恰如将一朵（或两朵）含苞待放的荷花花蕾连茎一起折下竖立在回鹘女供养人的头上。人物所穿服装为圆领窄袖长袍，右侧直开襟，领、门襟、上臂及下摆都有直条装饰，不似其他的回鹘贵族女供养人，整体较为修身。

复原图中对其发饰进行了深入复原。根据壁画资料，供养人在前额剔出两角，发式两边起翘，中间凹下，两支花蕾冠竖插于中间，步摇、金簪与花钿等装饰于头发上，耳饰螺旋状耳坠（图 5-14）。身穿的圆领长袍，门襟、袖口及手臂均有黄色的镶边。服装的面料来自吐鲁番出土的唐时期茶色地花树对羊锦（图 5-15）。

◎ **图5-15** 茶色地花树对羊锦

◎ **图5-14** 回鹘女子服饰复原图（四）

5.5　回鹘服饰推定复原效果图（图5-16~图5-22）

尖顶花瓣形金冠

尖顶花瓣形金冠主要是回鹘可汗所戴,根据几处壁画图像资料及文献发现,此冠整体造型犹如圆形底座上包了一片张开的花瓣,冠体正面装饰有植物卷草纹样图案,冠体四周镂刻云朵纹图案,寓意吉祥如意,配以红带系结于颔下,材质推测为黄金材质。

耳坠

回鹘男子耳饰以耳坠为主。

辫发

由于生活环境以及习俗观念的因素,辫发是回鹘民族的主要发式。

腰带

回鹘后期腰带式样受唐腰带造型影响较大,主体材质以皮革为主,辅以金属与玉石等材质。

蹀躞七事

《唐会要》卷三十一载景云二年711年)制:"令内外官依上元元年(674年)敕"文武官带七事回鹘大体参照了唐代的制度,腰系带,上垂短刀、长巾、火石袋等。

◎ **图5-16**　回鹘男子服饰推定复原效果图（一）

三叉冠

头上戴着尖顶花瓣形冠,以红色带系于颏下,黑色的头发从中间分开梳向两侧,纹路清晰,脑后垂着一条条整齐的及腰发辫。

葫芦形袋子

人们随身佩带的一种装零星物品的小包。袋子的造型有圆形、椭圆形、方形、长方形等,图案有繁有简,花卉、鸟、兽、草虫、山水、人物以及吉祥语、诗词文字等,装饰意味很浓。

短刀

刀刃普遍为直的,没有曲线,结构十分简约。肋插的刀鞘也多为木质结构。多为武士佩戴。

腰带

供养人身系腰带,腰带上垂挂长及小腿的长巾,从壁画中来看供养人的腰带应该有两股,而长巾应该是依附在里面的一股腰带上。

◎ **图5-17** 回鹘男子服饰推定复原效果图(二)

扇形过

扇形冠冠体造型犹如一把打开的折扇，主体扇形部分犹如一个平面，但也有一定厚度，没有任何的装饰或者纹样图案，用带子固定并结于颏下，材质一般为毡制或用裹着丝绸的硬纸板制作而成。

黄地簇四联珠对马锦

面料纹样来自青海省都兰县热水唐代墓葬出上的黄地簇四联珠对马锦。其用联珠形成的圆表示它的星像，象征通过沿圆圈外缘排列的众多天的标志小圆珠来表现。

耳坠

耳饰多为耳坠，一股坠一个圆球或者圆环饰物。

长　袍

复原图中供养人身穿圆领长袍，面料为地簇四联珠对马锦，长袍开襟位置有四颗盘扣，有装饰之用。

腰　带

腰带上垂挂长及小腿的长巾，从壁画中米看供养人的腰带应该有两股，而长巾应该是依附在里面的一股腰带上。

◎ **图5-18**　回鹘男子服饰推定复原效果图（三）

如角前指金冠

如角前指金冠一般为回鹘王室女性所戴,根据洞窟壁画以及相关资料推测,如角前指金冠应是黄金材质,冠的主体造型类似如意,前段镌刻云纹,配合金凤凰发饰、花钿、步摇以及耳环。在回鹘西迁后,如角前指金冠基本被桃形凤冠取代。

花　钿

花钿也称"金花",本为汉族妇女传统发饰,后传入回鹘,是回鹘贵族妇女非常喜爱的发饰之一,式样多以花卉、云纹以及凤鸟图案为主,佩戴数量不一,材质多为金属与玉石等。推定图中回鹘贵族女子,额上发髻中饰一长条状云朵花钿,左右两侧各有一云朵与凤鸟花钿。

耳　坠

耳坠在耳环的圆环上悬挂一个或多个坠子,下饰一些装饰物,非圆形坠子都属于耳坠一类。回鹘女性的耳坠造型丰富,包括人物造型的耳坠、垂珠式的耳坠和植物花卉造型的耳坠等。

赭面妆

"赭面妆"亦有叫法为"涂面妆"来自于吐蕃,唐玄宗元和年间流行的"时世妆"中就借鉴了"赭面妆"的元素,敦煌地区的回鹘女性也会化赭面妆,颜色类似赭石、土红之属。

步摇

"步摇",史书与古诗中多有提及,《释名》曰:"步摇,上有垂珠,步则摇也。"回鹘女性也有佩戴步摇的习惯,左右各插一支,钗头多为如意造型,用玛瑙等材质制成叶片花型。

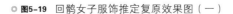

◎ **图5-19** 回鹘女子服饰推定复原效果图(一)

81

桃形冠

桃形冠因冠的形状下大上小，形如仙桃而得名。桃形冠是回鹘女供养人最有代表性的一种服饰，因其特征显著而为大家所熟悉。桃形冠外形曲线光滑简洁，发饰也较简单，主要是花钿和步摇。

项链

戴多层项链；穿窄袖交领长袍。穿戴这种头冠的回鹘女供养人形象在甘肃、新疆两地都有出现。

翘头鞋

供养人脚穿四瓣花头的翘头鞋。翘头鞋，即前端向上翘起的鞋子，又叫高头鞋。鞋翘即翘头鞋上翘的部分，鞋的翘头有托起裙袍垂边的作用，防止行走时踩踏而跌倒。

圆领长袍

复原图供养人穿戴多层项链，身穿大翻领长袍，翻领和袖口设置有刺绣图案。腰系带，系带位置在领口下方。复原图中供养人的大身面料来自尉犁县老开屏墓地的黄地菱格龙璧纹锦。

黄地菱格龙璧纹锦

复原图中供养人的大身面料来自尉犁县老开屏墓地的黄地菱格龙璧纹锦，丝残长30厘米，残宽17.5厘米。

◎ **图5-20**　回鹘女子服饰推定复原效果图（二）

花蕾冠

花蕾冠,如含苞待放的荷花样式,装饰在回鹘女供养人头上,按身份高低,装饰一至两朵花,冠座应该为金属材质,冠体可能是金属或者结合了玉石等材质制作而成。

发饰

戴花蕾冠的回鹘女性,一般装饰步摇、金簪、花钿等于头发上。

耳坠

耳坠在耳环的圆环上悬挂一个或多个坠子,下饰一些装饰物。

花树对羊锦

女供养人身穿圆领长袍,面料来自吐鲁番出土,唐时期茶色地,门襟、袖口及手臂有黄色镶边。

长袍

圆领窄袖长袍,右侧直开襟,领、门襟、上臂及下摆都有直条装饰,不似其他的回鹘贵族女供养人,整体较为修身。

◎ **图5-21** 回鹘女子服饰推定复原效果图(三)

元宝冠

元宝冠是因为其形略像元宝，姑且称之。其有深色绒毛环绕，头冠两边斜插金钗。

项链

用金银、珠宝等制成的挂在颈上的链条形状的首饰。

翘头鞋

供养人脚穿四瓣花头的翘头鞋。翘头鞋，即前端向上翘起的鞋子，又叫高头鞋。鞋翘即翘头鞋上翘的部分，鞋的翘头有托起裙袍垂边的作用，防止行走时踩踏而跌倒。

头饰

供养人头戴一支花蕾冠和两支花蕾冠同时出现，初步推断头戴双花蕾冠的回鹘女性比头戴一支花蕾冠的女性地位要高。

长袍

身着大翻领长袍，翻领为宝相花刺绣。大身面料为吐鲁番阿斯塔那墓出土海蓝地宝相花文锦。

◎ 图5-22　回鹘女子服饰推定复原效果图（四）

参考文献

［1］包铭新.中国北方古代少数民族服饰研究 2.回鹘卷［M］.上海：东华大学出版社，2013.

［2］夏俐.古代少数民族服饰分析研究——浅析回鹘男供养人服饰［J］.上海工艺美术，2013（3）.

［3］王日蔚.唐后回鹘考［A］.国立北平研究院史学集刊［C］.北京：国立北平研究院 1936（1）.

［4］（日）羽田亨.西域文明史概论［M］.郑元芳，译.上海：上海商务印书馆，1934.

［5］沙比提.从考古发掘资料看新疆古代的棉花种植和纺织［J］.文物，1973.

［6］邓浩.从《突厥语词典》看古代维吾尔族的服饰文化［J］.民族研究，1997（2）.

［7］沈从文.中国古代服饰研究［M］.北京：商务印书馆，2011.

［8］（法）莫尼克·玛雅尔.中世纪初期吐鲁番绿洲的物质生活［M］.耿昇，译.北京：中国国际广播出版社，2012.

［9］蔡远卓，吕钊.唐代回鹘首服社会属性及文化内涵研究［J］.西安工程大学学报，2017（6）.

［10］马冬.唐代服饰专题研究——以胡汉服饰文化交融为中心［D］.西安：陕西师范大学博士学位论文，2006.

CHAPTER **6**
龟 兹 服 饰

古西域地区的民族人种以土著居民为主，以西部和东部迁来的民族为辅，这里既有东方的蒙古利亚人种，也有西方的欧罗巴人种。就其具体分布来说，可以分为四个区域：一是天山以北、伊犁河流域广大地区的居民，最初是塞种人，后来相继有大月氏、乌孙迁入。二是塔克拉玛干沙漠以南、昆仑山以北直到葱岭，包括鄯善（楼兰）、且末、于阗、蒲黎等一线，其居民与东部羌族有密切关系。三是以疏勒为中心的一带，主要是塞种人。四是龟兹以东至焉耆、吐鲁番一带，这一地区的居民，从文献记载看，经济、文化发展水平较其他地区较高，既没有受乌孙、月氏的大规模侵扰，文献中也没有这里的居民属于羌人或是塞种人的记载。不过根据一些考古资料，仍认为这一带的古代居民属于塞种人，也有认为属于蒙古利亚人种，还有认为这一带的居民，特别是天山南麓东部的居民，可以称姑师人。上述人种大致可构成西域唐代之前，即两汉时期的西域地区民族，并逐渐成为唐时期西域地区本土居民。

6.1　龟兹服饰的整体风貌

龟兹国作为西域三十六国之一，种属族源复杂，在漫长的民族融合过程中，已无法考究其种属的源头。由于处于广义的中亚地理范围之中，中亚的吐火罗人、嚈哒人、大月氏人都与龟兹人有着千丝万缕的种属关系，服饰习俗上的相似与相近都能昭示龟兹人服饰特性的源头。吐火罗人是最早定居天山南北的古代民族之一，阿尔泰山至巴里坤草原之间的月氏人、天山南麓的龟兹人和焉耆人、吐鲁番盆地的车师人以及塔里木盆地东部的楼兰人，皆为吐火罗人，使用乙种吐火罗语的民族即为龟兹本地的土著人。从其他文献中，还可以知道古龟兹国另外还有这些民族成分：①羌人。龟兹最初的居民成分有羌人，是中国民族大家庭中历史悠久、人数众多、分布广泛、影响较大的古代民族。②九黎人。九黎是我国黄河下游流域一个相当古老的民族，属"东夷"的一部分，九黎人到龟兹的时间应是铜石并用时期。③龙勒人。春秋战国时期，龙勒山之居民被迫西迁，进入古龟兹国，然而与龟兹本土居民常有摩擦，便由龟兹迁移焉耆，成为焉耆一带的主体居民——龙族。④印度人。有些印度籍的商人相继迁入西域，其中一部分便定居龟兹，逐渐融入龟兹。新疆克孜尔、库木吐拉等壁画中，留存许多龟兹供养人的形象，龟兹供养人形象在汉代、南北朝、隋唐壁画上都有遗存。龟兹服饰在形制、质地、纹样上，都显示出了浓郁的区域性特色。《旧唐书·西域传》记载，龟兹人"男女皆剪发，垂与项齐，唯王不剪发……其王以锦蒙头"，也就是说，龟兹国有男女都剪发的习俗，只有国王有不剪发的特权。《北史·西域传》中记载龟兹"其王头系彩带，垂之于后"。从图像上看，男子服饰基本形式为剪发、翻领对襟窄袖衣袍、足蹬软靴、腰间束带。女子的基本形制同为剪发、翻领对襟窄袖衣袍。在这种基本的服饰形制基础上，不同时期、不同阶层、不同身份的龟兹人服饰显示出多样的风貌，映射出浓郁的地域与民族特色。

◎ **图6-1**　胡腾舞铜人像

甘肃省山丹县境内出土"胡腾舞铜人"，造像高13.5厘米，铜底高3.5厘米（图6-1）。舞者头戴尖顶胡帽，尖顶胡帽是西域少数民族常见的一种顶呈尖状的巾帽，刘言史《王中丞宅夜观舞胡腾》中有这样的描述："织成蕃帽虚顶尖"，造型多尖顶，有时在尖顶处中空，所以称为尖顶胡帽，最晚形成于公元前4至3世纪的战国后期，至唐时尖顶胡帽依然广泛流传。男子身穿窄袖长袍，外穿短袄，身背酒壶，脚穿起翘的高筒靴。复原图中的男子同样头戴毛毡质地的尖顶胡帽，外穿短袄。短袄是马褂前身，长不过腰，两袖不过肘，对襟，紧身。短袄是质地较为厚实的毛毡，长袍是质地较为粗糙的织锦，而翘头高筒靴比普通长靴能更好地保护脚面，所以在汉人和胡人的穿着中非常普遍。

克孜尔第73窟经变画乐舞图（图6-2），现藏德国柏林亚洲艺术博物馆。壁画中一名舞伎梳高髻，头戴宝冠，发绺挽成髻，臂有钏，腕有镯，身饰璎珞，赤足。身披锯齿状蓝黄双色云肩，腰系绿边红巾，下穿白裙，手持赭石色长巾，踏脚圆毯起舞，颇有胡腾舞的韵味。复原图中的女性舞者身配金饰，上衣左衽短襦，

◎ **图6-2** 克孜尔第73窟经变画乐舞图　　◎ **图6-3** 克孜尔第205窟国王供养像　　◎ **图6-4** 克孜尔第199窟供养人像

腰系短裙，下穿裤，脚踏圆毯。圆毯是胡旋舞必备物品之一，胡旋舞者立于小圆毯上迅速旋转，旋转之时保持双脚不离圆毯，展现舞技之高超。

　　克孜尔第205窟，是由国王托提卡及其王后斯瓦普拉芭出资修建的石窟，国王的供养像现存于德国柏林艺术博物馆（图6-3）。在石窟壁画上这位苏伐家族的国王留下了自己的形象。画面上，国王形象器宇轩昂，前额短发中分，头后束锦带，著翻领中袖长袍，袖口宽大，长袍两色相间，身后有短肩搭。下穿窄口裤，脚著尖头黑皮靴。王后前额上是类似冠或裹巾类的头饰，头饰两侧有飘巾垂至胸前，长发披肩，项间戴有璎珞一串。内穿紧身横条纹窄袖衫，外套绿色半臂双翻领收腰锦衣。下身穿白底带六边形套花图案的拖地无褶裙，裙面上的花纹图案具有西域风格。在龟兹壁画的供养人像中，戴璎珞的女性一般为王后或者王族妇女。国王、王后脸庞饱满，鼻梁高挺，细眉高挑，显示出欧罗巴人种特点：深目、薄唇、高鼻。龟兹国女性服饰在多处石窟壁画中显示为收腰，如何解释这一现象：是因为在当时出现了"收省"还是画工为了表现女性婀娜身姿，现在还未知。

　　克孜尔第199窟有几身龟兹国王与武士的供养人像（图6-4），他们的服饰装扮基本相同。第一身有可能是龟兹国王，面相健朗，气宇轩昂，短发，身披圆领、开襟的长袍，袍侧有镶边的开衩，内着衫，肩部与前胸披着皮制甲，腰束金宝带，带上悬挂长巾和刀剑，下身穿裤，着短靴，透出一股英气勃发、威武非凡的神态。龟兹石窟壁画人物形象着半臂装，与汉装半臂同中有异，龟兹半臂装仍保持自己的特色，大致有两种形式：一种是与肩臂平齐，边缘镶锦边的半臂装；另一种为袖口带褶边、似喇叭形呈波浪状的半臂装。龟兹壁画中的供养人着装色彩，体现着龟兹人民对冷色调，间以黑、赭等为对比色的偏爱，整体用色淡雅、柔和，加上龟兹服饰图案鲜少出现中亚地区流行的联珠纹，而是用纯色或是有规律的几何图案代替复杂的联珠纹，展现一种端庄、简约的服饰美感，是龟兹人服饰的独特风貌。

　　龟兹有舞，名曰"苏幕遮"，是百姓祈求来年六畜兴旺、风调雨顺的群众性活动。日本大谷光瑞探险

◎ **图6-6** 舍利盒

队在新疆昭怙厘佛寺盗取的舍利盒（图6-5），盒身描绘了一组苏幕遮的舞蹈，以手持舞旄的女舞者和男舞者为先导，向后依次是：六个手牵手相连的舞蹈者，一位舞棍的独舞者，紧接着是一组乐工，最后又是一持棍的独舞者，并有三位儿童围绕其身，盒上共有二十一人，其中舞者八人（图6-6）。

舞者均头戴兽面或人面的面具，身穿独特的服饰，可将其服饰分为三类。第一类服饰和第二类基本相同，"上身内穿贴身紧袖服，外穿圆领花边短袖紧腰外套，底襟为弧形"。而这两类服饰的区别在于两个地方，一是有无云肩，二是裤脚是收口裤还是阔腿裤——凡是披戴云肩的均穿阔腿裤，不带云肩的均是收口裤。由于舞者头戴面具，无法直观地辨别其性别，但是在龟兹石窟中，女性供养人大都穿裤腿宽松的阔腿裤，男性供养人穿裤脚收紧的收口长裤，并且在乐舞图中，持舞旄者一男一女，女性穿的正是阔口裤，男子穿的则是收口裤。由此可以大胆地提出假设，这八名舞者中，三名穿戴云肩、穿阔腿裤的舞者为女性，其他五名穿收口裤的舞者为男性。

◎ **图6-6** 舍利盒上的舞者

6.2 龟兹服饰的复原

6.1.1 胡旋舞服饰

"胡旋女，出康居，徒劳东来万里余。"康居即唐时安西大都护府管辖区内的康国。胡旋舞源自西域康国，流行于中亚及西北少数民族地区，北周传入中原。《新唐书·五行志二》曰：《胡旋舞》本出康居，以旋转便捷为巧，时又尚之。"《新唐书·礼乐志》二十一卷载："胡旋舞，舞者立毯上，旋转如风。"段安节《乐府杂录·俳优》曰："舞有骨鹿舞、胡旋舞，俱于一小圆毯子上舞，纵横腾踏，两足终不离于毯上，其妙若皆夷舞也"。从上述文献中得知，胡旋舞者立于小圆毯上迅速旋转，旋转之时保持双脚不离圆毯，

◎ **图6-7** 圆毯

舞技高超。正如白居易《胡旋舞》中所云："弦鼓一声双袖举，回雪飘摇转蓬舞。左旋右转不知疲，千匝万周无已时。"胡旋女耳闻一声弦鼓，举起双臂开始旋转，优美的转姿，速度之快溅起了地上的雪花，不知转了多少圈也不知疲倦，仿佛旋转得不知停下来。敦煌莫高窟和新疆克孜尔石窟中保留有一些长巾飘起、发带飞扬、旋转起舞的图像，极似胡旋舞者。莫高窟第220窟北壁《东方药师经变》有两组双人舞，其中一组颇似胡旋舞，一左一右两名舞伎各立于一圆毯上，圆毯描绘得特别细致，可清楚地看见其中的动物、祥云等图案（图6-7）。舞者身穿相同的衣服，动作也极为相似，有可能是展现同一舞者表演胡旋舞时旋转过程中两种不同的姿态。舞者手持长巾挥舞，长巾交叠，控制自如。唐朝西域僧人尉迟乙僧所作《龟兹舞女图》（现为临摹品）中一女子脚踏圆毯面背而立，双手环头，衣巾飞旋，飞舞的衣带和长巾最好地展现出了胡旋舞的动感。由此可见，胡旋舞的特点为：一是立于圆毯之上；二是疾速旋转，久久不停；三是挥舞长巾。

唐朝天宝年间，胡旋舞成为最流行最时尚的胡舞，风靡宫廷，上至皇宫贵族、权臣、妃子，下至平民百姓、西域远道而来的歌舞伎，都能表演胡旋舞。正如白居易诗中所写："天宝季年时欲变，臣妾人人学团转。中有太真外禄山，二人最道能胡旋。"为了取悦皇帝和权臣，宫廷内人人学起自转，乐此不彼。《旧唐书》这样描写安禄山："晚年益肥壮，腹垂过膝，重三百三十斤，每行以肩膊左右抬挽其身，方能移步。至玄宗前，作胡旋舞，疾如风焉。"安禄山晚年身体肥胖、行动迟缓，但是仍然能在唐玄宗面前表演胡旋舞，可见宫廷内胡旋舞之风靡程度。胡旋舞在唐代极受欢迎，根本原因是胡旋舞与健朗、明快、潇洒的中亚游牧民族性格相契合，造型上要求舞者昂首、挺胸、提腰，手、肘、肩、膝要充分到位，配合眼神和手势的表达，展现胡旋舞之魂。旋转时重心稳，刚柔并济，控制住手中长巾，不断变换舞姿展现人体形态之美感。由于胡旋舞的盛行，康国、米国纷纷投其所好，在向中原进贡的贡品中增加了跳胡旋舞的女子，《新唐书》221下列传第146下西域下云："高宗永徽时，以其地为康居都督府，即授其王拂呼缦为都督……开元初，贡锁子铠、水精杯、码碯瓶、驼鸟卵及越诺、朱儒、胡旋女子。"又有云："米，或曰弥末，曰弥秣贺。……开元时，献璧、舞筵、狮子、胡旋女。"《乐府诗集》卷97新乐府辞八白居易传曰："天宝末，康居国献胡旋女。"大量的胡旋女被选入唐，使得胡旋舞在唐朝的传播更加方便，甚至产生了专门教授胡旋舞的技艺高超的艺人。而安史之乱的爆发使胡风在整个长安乃至整个大唐遭受了沉重一击。"禄山胡旋迷君眼，兵过黄河疑未反。贵妃胡旋惑君心，死弃马嵬念更深。从兹地轴天维转，五十年来制不禁。"白居易《胡旋女》的后半段道出了安禄山、杨贵妃以胡旋舞迷惑君心，最终使唐朝遭受了一场沉重的灾难。"旋得明王不觉迷，妖胡奄到长生殿。"诗人元稹同样觉得胡舞惑君乱国。胡旋舞自唐以后，历史文献中便无记载，宫廷之中不再演奏胡旋舞，民间也鲜有踪影。

6.1.2　胡腾舞服饰

胡腾舞出自石国（今乌兹别克斯坦塔什干一带），为石国民间男子独舞，随丝绸之路上的胡商传入西域和中原。作为西域最具代表性的舞蹈之一，胡腾舞的特征是舞蹈中以腾跳、踢踏的动作为主要内容，动作集中在腿部，步伐敏捷灵活，时有高难度的腾空技巧。与胡旋舞相比，胡腾舞更加刚劲有力，展现出一种豪放不羁的男儿精神。李端《胡腾儿》曰："帐前跪作本音语，拾襟搅袖为君舞。安西旧牧收泪看，洛下词人抄曲与。扬眉动目踏花毡，红汗交流珠帽偏。醉却东倾又西倒，双靴柔弱满灯前。环行急蹴皆应节，反手叉腰如却月。丝桐忽奏一曲终，呜呜画角城头发。"起舞之前，舞者先以本民族语言行礼，整理衣襟挽起衣袖开始起舞，舞者模仿醉酒之人东倒西歪，却依然能踏立于花毡之上，反手叉腰顺应节拍。我国哈萨克族的花毡技艺具有悠久的历史和很高的艺术价值，哈萨克族妇女缝制的毡子比普通的毡子厚，多为双层，而且缝合得特别密，经久耐用，哈萨克族花毡极有可能就是李端诗中提及的"花毡"的延续和发展。唐代苏思勖墓室壁画中有一组胡腾舞伎乐图，中间的男子独舞者高目深鼻，满面胡须，头包白巾，为典型的胡人形象。只见他左手高举右手叉腰，一腿抬起单脚直立，是一个腾起后刚刚落地的姿势，脚下的花毡为深褐色、周边有流苏的长方形（图6-8）。此处花毡应与胡旋舞圆毯不同，圆毯顾名思义是圆形的，而胡腾舞花毡有圆有方，亦或没有花毡也能起舞，这是与胡旋舞的区别之一。安伽墓围屏石榻浮雕中有两幅胡腾舞图，其中一舞者双手挥舞至头顶，胯部右移，也是一脚抬起单脚着地，脚下并没有圆毯之类的东西，表演场地在室外，周围站立着数名穿胡服的观众，围屏胡腾舞图中角杯、酒罐、酒坛、贴金执壶等酒具酒器布满画面空隙，如同刘言史《王中丞宅夜观舞胡腾》诗中所写："手中抛下葡萄盏，西顾忽思乡路远"，舞前先饮酒一杯，甩手一抛，这才纵身起舞。可见，胡腾舞往往是在酒醉兴起时尽情起舞，所以才会出现各种酒器。李端诗、刘言史诗还有元稹《西凉伎》一句"胡腾醉舞筋骨柔"均可看出胡腾者与酒、醉的关联。

◎ 图6-8　长方形花毡

由于胡腾舞和胡旋舞的失传，两者又极为相似，后人常常难以从文物中的舞蹈静态动作做出区分，如敦煌莫高窟第220窟北壁的两组乐舞图和南壁的一组乐舞图，有的学者认为都是胡旋舞，有的学者认为既有胡旋舞又有胡腾舞。它们之间有什么有效的区分方法呢？如果说胡旋舞的主要舞者为女性，那么胡腾舞主要为男子独舞，以往学者也是普遍这样认为的，并且从出土的文物看，确实胡腾舞大都是男性舞蹈，陕西礼泉县唐昭陵出土的胡腾舞纹玉铊尾是男性独舞，安伽墓围屏石榻上的胡腾舞浮雕是男子独舞，苏思勖墓中的胡腾舞壁画也是男子独舞。似乎胡腾舞就是男子独舞，而胡旋舞为女子表演，古籍文献中也直接将胡旋舞者称为"胡旋女"，但是这并不能成为区分胡旋舞、胡腾舞的唯一依据。首先安禄山就是胡旋舞的好手，却也是实实在在的男性，宁夏盐池唐墓石门上雕刻的胡旋舞图是两名头戴圆帽，身穿圆领窄袖的男性，而唐代画家尉迟乙僧的《龟兹舞女图》中却有一名花枝招展的女子在表演胡腾舞。所以辨别胡腾、胡旋的依据不在其果，而在其因，不是因为是男子独舞所以是胡腾舞，而是因为胡腾舞的舞姿中急促的跳跃、踢踏、蹲身、双脚交替屈伸的动作需要足够的体力，男性能更好地完成这些动作。近年来有学者认为有盘腿、腾跳动作的舞蹈可看作是胡腾舞，但是这一辨别方法也不能看作唯一依据。所以综合研究来看，辨别并区分胡旋舞与胡腾舞的依据要从三方面综合来分析，第一圆毯，第二舞者性别，第三踢腿、腾跳的动作。图6-9为胡腾舞，胡旋舞服饰推定复原效果图。

◎ **图6-9** 胡腾舞、胡旋舞服饰推定复原效果图

6.1.3　柘枝舞的花容月貌及服饰

柘枝舞，出自西域石国（今乌兹别克斯坦塔什干一带），它舞姿优美，刚柔相济。胡腾舞与胡旋舞在初唐极为盛行，而柘枝舞则后来居上，盛行于开元前后，为中晚唐时期最为流行的舞蹈。此舞在保留部分原舞的基础上逐渐汉化，演变为汉风雅韵的软舞"屈柘枝"。大多数学者认为柘枝舞在唐代是由一名女童或女伎来表演，后发展为两名舞伎的"双柘枝"，到了宋朝发展成为一个舞队。柘枝舞从唐朝到宋朝发生了较大的变化，不仅是舞风与人数的改变，而且在形式、舞蹈者及服饰等主面都有改变，魏丽娇在《唐宋柘枝舞与高丽莲花台舞蹈比较研究》一文中列出了四点不同：第一，形式上的变化，宋代柘枝舞增加了歌曲与对话。第二，舞蹈者从女童或女伎完全变为由女童担当。第三，服饰上的变化，唐代舞伎穿窄袖衫，腰带是金饰，宋代舞童穿五色阔身衫，佩银带。第四，唐代柘枝舞以鼓伴奏，宋代则吹奏乐器。

6.1.4　宫廷娱人类乐舞服饰

随着社会的进步与发展，歌舞也逐渐表现出阶级性的特征。皇室贵族所宠爱的乐舞形成了专门的乐队，乐匠巧夺天工编制的乐曲由统一着装的乐手精心演奏，还有舞者大胆穿着夸张的服饰，用尽心思衬以流苏、圆珠、铃铛等装饰物的夸张的服饰，充分衬托惟妙的舞姿，而一旦得到权贵赞赏，舞者的装扮就必然成为当时服饰的流行趋势。本章节所列的三种舞蹈——胡腾舞、胡旋舞、柘枝舞，虽然均并不出于龟兹国，但是在流传中原之前先流行于龟兹，经常由龟兹人表演，并且使用龟兹人民独有或钟爱的乐器演奏，使这一外来舞蹈具有龟兹舞蹈的风格特征。在《乐府杂录》中均有这三种舞蹈的记载，说明西域民族乐舞在大唐传播之广，并已享有一定的地位，理当划分为宫廷娱人类乐舞。

胡旋舞与胡腾舞像一对双胞胎一样，有时会很难做出区分，不仅是舞蹈风格和动作的类似，舞蹈服饰也没有各自的特点，从大多数出土文物来看，乐舞伎所穿是当时盛行的胡服。为什么胡旋舞与胡腾舞没有特制的服饰与夸张的服饰造型呢？笔者认为是因为它们激昂的舞蹈动作不适合太多的装饰物，装饰物都是为了衬托舞蹈，紧身、窄袖、下着裤的胡服更能完美演绎健舞之魂。一张不大的圆毯表现乐舞伎高超的技艺，一条长巾展现舞动的力度，观众只需坐下静静欣赏舞蹈伎人带来的民族盛宴。胡旋舞、胡腾舞服饰倾向于尖顶高帽、左衽或对襟紧身服、长裤和束腰带，即隋唐时期非常流行的胡服。而存在争议的几例：宁夏回族自治区博物馆藏有一对胡旋舞伎石门（图6-10），石门上的两名胡旋舞伎均为男性，面目表情生动自然，周身雕刻卷云纹，恰似舞技腾跃于云气之间，又似因旋转速度之快而溅起了地上的仙草，脚踏圆毯小巧精妙，整个画面结构精巧，刻画灵动，愉悦之情油然而生。部分学者认为右侧舞伎身穿圆领胡服，也有人认为右侧舞伎上身

◎ 图6-10　胡旋舞石门线稿

赤裸，但均没有给出理论依据和佐证。笔者经过仔细辨认，认为身穿圆领袍服的可能性更大。舞者身上看似奇怪的纹理，实则是雕刻者表现阴影明暗的关系，因为我国古代画师表现阴影的方式便是画皱褶，以此表现立体感。西域画家尉迟乙僧的作品《龟兹舞女图》表现出不同的服饰风格，胡腾舞女子穿着似为袴褶服，这一结论主要是从女子长裤的小腿处有系扎的痕迹推断出来的。史书中记载，小腿处系扎的裤子称缚裤，由于裤腿肥大，于小腿处扎带便于行走。与缚裤搭配的是一件广袖交领上衣，这种上衣下裤的形制称为袴褶服，符合《龟兹舞女图》中的胡腾舞女子装扮。

柘枝舞没有像胡旋舞和胡腾舞一样被禁断，安史之乱后，柘枝舞依然活跃在舞台上。从相关资料看，柘枝舞似乎一直在发展，从女子到女童，从独舞到对舞，时有莲花时无莲花，并且一直在增加角色，宋朝增加了"竹杆子"和"花心"经典的舞蹈形象。柘枝舞的研究还处于起步阶段，表演对象、有无莲花、服饰的地域性特征等问题依旧有待探讨，笔者希望终有一天能还这古老神秘的柘枝舞一个原始的风貌。

6.1.5 苏幕遮舞蹈服饰

1. 苏幕遮面具

关于苏幕遮中面具的由来，唐代般若《大乘理趣六波罗蜜多经》卷一曰："又如苏莫遮帽，覆人面首，令诸有情儿即戏弄，老苏莫遮亦复如是。"宋代王明清的笔记《挥麈录》中记载高昌国："妇人戴油帽，谓之'苏莫遮'。"毛先舒《填词名解》中记载："苏幕遮，西域妇人帽也。"从以上文献记载来看，苏幕遮传至西域后，由本身与乞寒求雨有关的意思变为一种妇人可遮面的帽子，虽然听起来滑稽，但这也是有迹可寻的。俞平伯认为苏幕遮是波斯语译音，原意为披在肩上的头巾，亦可"遮人面首"，此类道具都可称为"面具"，即"覆人面首"之道具。穆宏燕认为"泼寒胡戏"之名"苏幕遮"的原始词义为面具，是波斯语音译，根据波斯语考证，苏幕遮是"面具泼水舞戏"。释慧琳《一切经音义》中云："苏莫遮，西戎胡语也……或作兽面，或像鬼神，假作种种面具形状。"唐人段成式在《酉阳杂俎》中道："……并服狗头猴面，男女无昼夜歌舞。"可见，苏幕遮与面具是紧紧联系的，或其本意为面具，或代指一类面具。在祭祀驱邪活动中，面具往往是不可少的，舞者头戴独特的兽面、鬼神形象面具进行表演，使"苏幕遮"祭祀活动在西域传播开来。

谈到苏幕遮，不得不提及的是日本大谷光瑞探险队在新疆昭怙厘大寺盗取的一件舍利盒。盒身描绘了一组人物，经考证，这正是苏幕遮的舞蹈场面（图6-11、图6-12）。

◎ **图6-11** 苏幕遮舍利盒局部

◎ **图6-12** 苏幕遮舍利盒局部

◎ 图6-13　武士面具

◎ 图6-14　将军面具

◎ 图6-15　鬼脸兽耳

◎ 图6-16　鬼脸兽耳

霍旭初先生认为："乐舞图以手持舞旄的女舞者和身后斜插舞旄的男舞者为先导，向后依次是：六名手牵手相连的舞蹈者，随之是一位舞棍的独舞者，紧接着是一组乐工，最后又是一持棍的独舞者，并有三名儿童围绕其身，整个画面由二十一人组成。"在这二十一人中，手持舞旄的两名舞者均盛装打扮，但是并无面具，中间有七名头戴面具的舞者，接下来是八名手持乐器的乐工，包括两名抬大鼓的小孩，乐工不带面具，最后是一名头戴面具的舞者和三名围观的小孩（小孩也可看作为观众），观众不带面具。由此可知，领队、乐工、观众都是不带面具的，苏幕遮舞蹈中带面具的只有舞者。在昭怙厘大寺舍利盒身上的这组乐舞图中，共有八名头戴面具的舞者，所有舞者均作抬头看天的姿势，只露出半边面具，现将这八张面具做逐一分析。

第一名舞者头戴的是年轻的武士面具（图6-13），他鼻梁高挺，轮廓清晰，脸颊似乎还有些红晕，头上的头巾包裹住了头发，头巾下垂至手臂。

第二名舞者头戴将军面具（图6-14），其面目表情显然比武士的表情更老练深沉，长髯覆盖了两颊，是典型的倒三角胡。将军面具的头盔与克孜尔石窟壁画中的士兵头盔极为相像，是波斯式尖顶盔帽，只是两边的帽耳更加夸张。

第三名、第五名、第七名舞者面具均为鬼脸兽耳（图6-15），相同的大耳特别醒目，是两头尖的船形。不同之处在于，第五张面具是一个鹰钩鼻（图6-16），眼部有装饰，第七张面具是猴面，面部较狰狞，似乎还露出了锋利的牙齿。

第四名舞者戴普通的人面具。

第六名舞者戴老者面具，深目鹰钩鼻，八字胡。

最后一名舞者的面具比较独特，嘴骨明显较长，嘴巴张开露出舌头，头上有卷曲的毛发。由于图像年代久远，无法清楚辨别，不过看其形制，有可能是段成式《酉阳杂俎》中"并服狗头猴面"的狗头。

综上所述，舍利盒身上的八张面具分别有人面四张、兽面四张，人面有武士、将军、青年与老者，兽面有鹰、猴、狗。

苏幕遮舞蹈中出现哪些面具是合理的呢？这点虽然没有明确的文字记载，不过我们可以推测，既然段成式《酉阳杂俎》中有"狗头猴面"的说法，并且舍利盒上也确有狗面和猴面的形象，那么狗面、猴面是必不可少的。程璐瑶的论文《苏幕遮》提到传至日本的苏幕遮表演者的帽子上有鹰图案的刺绣，这种鹰崇拜在萨满教中有很重要的地位，鹰的图腾在祭祀活动中经常会用到，苏幕遮有驱逐恶鬼的性质，所以鹰的面具也是极有可能用到的。在不同的场合，舞蹈会有不同的情节调节，为迎合统治者的需求会适时地增加些将军、武士的形象。苏幕遮是一种歌舞戏，歌舞戏就要有情节和角色的划分，可推断其在表演时会根据场合的不同，在情节上做一定的调整，所以表演者的面具也是随着情节的变化而变化的。不过不管情节怎样变化，都改变不了驱邪、祈雨的主题，狗面、猴面、鹰面这些最基本的面具形象是不可少的。

2. 苏幕遮各角色服饰形制分析

对苏幕遮的探索充满艰辛。一方面是文字资料中可以感受到苏幕遮舞蹈场面的威武雄壮，却难以揭示其活动的具体编排；另一方面是图像资料稀缺，舍利盒已成为研究苏幕遮舞蹈服饰的重要资料。除前面所述日本大谷光瑞探险队窃取的舍利盒，1907 年法国人伯希和在西昭怙厘大寺里挖掘出了六具舍利盒，但并不如日本人窃取的舍利盒精美，其中一具舍利盒盒身绘有乐舞形象，画面模糊，破损严重，仅能见两名头戴竖耳尖嘴面具的乐工形象和一名残缺的满身联珠纹图案的舞者形象。由此可知，古代在舍利盒上绘乐舞图是龟兹很普遍的现象。

宗教祭祀类乐舞服饰是同时期服饰中最华丽、最具有装饰性的，大谷光瑞探险队窃走的舍利盒是苏幕遮非常罕见的也是十分重要的图像记载。本节将对舍利盒上各角色人物的服饰做一一分析。

◎ **图6-17** 持舞旄者

持舞旄者（图6-17）：一男一女持舞旄面对而立，女子双手握舞旄，男子右手叉腰，左手持杖，分脚而立。两人均为短发，头戴冠，上身内穿贴身紧袖服，外穿圆领花边联珠纹短袖紧身短袄，底襟呈尖角锯齿状，腰系金宝带，下着蔽膝。先秦时期蔽膝不直接系到腰上，而是栓在大带上用于遮盖，秦时曾废除蔽膝，但蔽膝仍然存在于后世的祭服中。舍利盒是唐时期的产物，龟兹地处偏远西域，蔽膝这一服饰形制是完全有可能存在于龟兹祭祀舞蹈服饰中的。女子下穿宽口裤，男子下穿收口窄裤，两人腰间均系扎长带，两条长带尾部开衩呈倒"山"字形，霍旭初先生在《龟兹艺术研究》"龟兹舍利盒乐舞图"一章中称之为"下甲"。

舞者：这副苏幕遮乐舞图中有舞者八名，可将其服饰类型分为三类。第一类与持舞旄者服饰相同（图6-18）。第二类服饰是本章的重点研究对象（图6-19），除上衣形

◎ **图6-18** 苏幕遮舞者之一

◎ **图6-19** 苏幕遮舞者之二

◎ 图6-20　苏幕遮舞者之三

◎ 图6-21　舞者服饰推定复原效果图（一）

制存在争议外，其他服饰形制与持舞旄者相同。舞者上衣胸前的锥型尖角结构可理解为两种情况，第一种情况是霍旭初先生提到的"上身内穿贴身紧袖服，外穿圆领花边短袖紧腰外套，底襟为弧形"（图6-20），即上身套了两件，一件长袖一件半袖，这是较为直接也是可能性最大的一种情况。第二种情况是内穿贴身紧袖袍，外穿圆领花边紧腰外套，最后是一件套头的尖角云肩（图6-21）。其实女性舞者身披云肩很正常，三名穿这种式样的舞伎，下身都是穿的宽腿裤。在龟兹石窟壁画中，龟兹女性穿宽腿裤，男子穿小口裤，所以穿这一款式的舞者是女性。第三类舞者身穿左衽交领服，内穿贴身紧袖袍，外穿圆领花边紧腰外套，最后套尖角云肩（图6-22）。老者形象的舞者衣身宽大，半袖，腰系金宝带，下着蔽膝，收脚裤，持棍舞者和最后一名狗头舞者服饰基本相同，身穿左衽交领紧身联珠纹舞服，腰系金宝带，下着收脚裤。八名舞者均系金宝带和尾部开衩的下甲。

乐工（图6-23）：六名乐工（两名抬鼓的儿童除外）完全是龟兹世俗男子形象，短发，身穿紧身翻领对襟花边长袍，腰系金宝带，下穿长裤，足登高筒皮靴，腰中悬挂短剑。

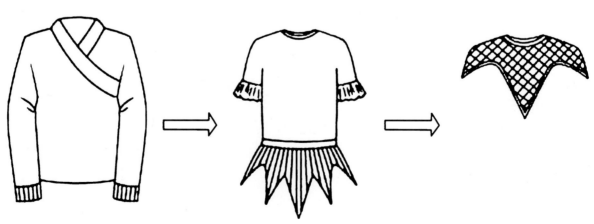

◎ 图6-22　舞者服饰推定复原效果图（二）

◎ **图6-23** 苏幕遮乐工

◎ **图6-24** 苏幕遮观众

观众（图6-24）：短发儿童的观众形象和抬鼓的两名儿童形象完全相同。身穿圆领长袖两色袍，长度齐膝，贯头式，袍侧缺胯，下身露出双腿，由此推测苏幕遮是在夏天举行，与《酉阳杂俎》"八月十五日行像及透索为戏"描述一致。

两名持舞旄者、八名舞伎和六名乐工均腰系金宝带。金宝带一词源于《旧唐书·西域传》，是龟兹人民特有的革带，笔者曾发表过《龟兹国"金宝带"浅析》一文对金宝带做过研究，克孜尔第69窟、第224窟、第17窟、第8窟、第199窟中的龟兹供养人身上均有金宝带的形象，与舍利盒乐舞图中的金宝带形制一致。金宝带是由一圈大小相同的圆形金属或珠宝相切而连，呈联珠状，与蹀躞带有较大区别。首先，一条完整的蹀躞带，主要由带扣、带箍、带鞓、带銙、铊尾、下垂小带及一些佩挂的小饰件构成，系带时须先在鞓上装銙，銙附古眼，蹀躞穿在古眼内。金宝带没有出土实物，所以不能具体判断其组成部件，从壁画中来判断，金宝带为一根鞓，一对带扣，若干带銙，圆形物应该就是带銙，带銙与带銙紧紧相连。其次，其材质上，按照带身材质的不同，蹀躞带可分为金属带、革带、丝麻带。金属带属于殡葬服饰，为明器。革带和丝麻带更多地用于实际生活当中。按照带上装饰带銙材质的不同，蹀躞带又可分为多种带饰，比金宝带的种类更多。再次，垂挂的杂物，蹀躞带垂挂七样，故称"蹀躞七事"，而金宝带一般只垂挂短剑、扎巾等物。苏幕遮舞蹈服饰推定复原效果图见图6-25。

◎ **图6-25** 苏幕遮舞蹈服饰推定复原效果图

6.3　龟兹服饰推定复原效果图（图6-26~图6-31）

胡腾舞铜人

甘肃省山丹县境内出土"胡腾舞铜人"，造像高13.5厘米，铜底高3.5厘米。舞者深目高鼻，头戴胡帽，跳胡腾舞。

半核桃钮扣

我国对钮扣的使用最早可追溯到春秋战国时期。现今收藏的钮扣藏品中，仍然有小石块、贝壳、核桃制作的简单钮扣，每颗都有一两个小孔。

长裤

中国早期的裤子都是开裆裤，称为"袴"，只有两只裤腿，无腰无裆。而西北各民族很早就开始穿有裆的裤子，称为"裤"。唐朝的百姓大多穿有裆裤，便于骑射，便于行走。

尖顶胡帽

尖顶胡帽是西域数民族常见的一种顶呈尖状的巾帽，刘言史《王中丞宅夜观舞胡腾》中有这样的描述："织成蕃帽虚顶尖"，造型多尖顶，种类颇多。

半袖上衣

马褂前身，长不过腰，两袖不过肘。特点为对襟、紧身。

长筒靴

"靴"是指高到踝骨以上的长筒靴，长度至膝盖下方，质地较硬。它是随胡服的传入才逐渐普及的，汉代后大量出现，唐朝逐渐普及。

◎ **图6-26**　龟兹男子胡腾舞服饰推定复原效果图

**克孜尔第73窟
经变画乐舞图**

现藏德国柏林亚洲艺术博物馆。壁画中一名舞伎梳高髻,头戴宝冠,发绾挽成髻,臂有钏,腕有镯,身饰璎珞,赤足。身披锯齿状蓝黄双色云肩,腰系绿边红巾,下穿白裙,手持赭石色长巾,脚踏圆毯起舞。

宝冠、金饰

龟兹壁画和敦煌壁画中的舞伎头饰基本相同。头戴宝冠,发绾挽成髻,臂有钏,腕有镯,身饰璎珞。

长巾

胡旋舞以旋转为主,手舞长巾,"左旋右转不知疲"。

云肩

云肩围绕脖子一周,佩戴在肩上,产生于隋朝,清代时普及到各个阶层。

裙

莫高窟和克孜尔石窟中的乐伎多穿此类短裙,世俗人物的服饰装扮也会偶尔出现相似半裙。

圆毯

段安节《乐府杂录·俳优》曰:"舞有骨鹿舞、胡旋舞,俱于一小圆毯子上舞,纵横腾踏,两足终不离于毯上,其妙若皆夷舞也。"

○ **图6-27** 龟兹女子胡旋舞服饰推定复原效果图

苏幕遮舞蹈

苏幕遮，又名"泼寒胡戏"，是百姓祈求来年六畜兴旺、风调雨顺的群众性活动。1903年，日本大谷光瑞探险队在新疆昭怙厘佛寺遗址挖掘出一具舍利盒，盒身描绘一组龟兹乐舞"苏幕遮"的舞蹈场面。

面具

在祭祀驱邪活动中，面具往往是不可少的。这名舞者头戴的是一件老者形象的面具。

金宝带

"金宝带"没有出土实物，所以不能具体判断其组成部件。从壁画中来判断，"金宝带"为一根鞓，一对带扣，若干带銙，圆形物应该就是带銙，带銙与带銙紧紧相连。

低帮浅鞋

"低帮鞋，鞋帮约在脚踝处，活动更灵活，材质多为棉、毛。"

长巾

这名扮演老者的舞者手持长巾舞蹈。

蔽膝

蔽膝是栓在大带上，用于遮羞之物。秦时曾废除蔽膝。龟兹地处偏远西域，蔽膝这一服饰形制完全有可能存在于龟兹祭祀舞蹈服饰中。

◎ **图6-28** 龟兹男子苏幕遮舞服饰推定复原效果图（一）

苏幕遮舞蹈

苏幕遮，又名"泼寒胡戏"，是百姓祈求来年六畜兴旺、风调雨顺的群众性活动。1903年，日本大谷光瑞探险队在新疆昭怙厘佛寺遗址挖掘出一具舍利盒，盒身描绘一组龟兹乐舞"苏幕遮"的舞蹈场面。

面具

舞者均头戴兽面或人面的面具，身穿独特的服饰，头戴的面具有鲜明的大耳。

云肩

舞者身穿独特的尖角云肩，此款式应为套头式。在粟特地区的品治肯特壁画中，有一位女性也是身穿这样的云肩，由此可知，这种款式的服饰为独特的西域服饰。

下甲

系于后腰的装饰物。霍旭初先生在《龟兹艺术研究》"龟兹舍利盒舞图"一章中称之为"下甲"。

金宝带

"金宝带"一词源于《旧唐书·西域传》，是龟兹人民特有的革带，龟兹石窟中的龟兹供养人身上均有"金宝带"的形象。"金宝带"是由一圈大小相同的圆形金属或珠宝相切而连，呈联珠状，与蹀躞带有较大区别。

半袖上衣

此中喇叭袖和锯齿下摆的服饰，在龟兹石窟中的世俗供养人像中多次出现，是独特的龟兹服饰，可惜并无实物出土，只能推测其穿法为套头式或背后开襟。

阔腿裤

阔腿裤在膝下位置用布捆扎，称缚裤，通常在乐舞中为女子所穿着。

◎ **图6-27** 龟兹男子苏幕遮舞服饰推定复原效果图（二）

上装

前额短发中分，头后束锦带，著
翻领中袖长袍，袖口宽大，长袍
两色相间，身后有短肩搭。

半臂装

半臂装仍保持自己的特色，与
肩臂平齐，边缘镶锦边的半臂
装；另一种为袖口带褶边，似
喇叭形呈波浪状的半臂装。

面料

面料多由黑、赭等对比色组
成，通常为纯色或有规律的
几何图案。

下装

下穿窄口裤，脚著尖头黑皮靴。

配饰

腰上有金宝带，带上悬挂有
长巾和刀剑。

**克孜尔第199窟有几身龟
兹国王与武士的供养人像**

服饰装扮基本相同，面相健
朗，气宇轩昂，短发，身披圆
领、开襟的长袍，袍侧有镶边
的开衩，内着衫，腹部与前胸
披着皮制甲，腰束金宝带，带
上悬挂长巾和刀剑，下身穿
裤，着短靴，透出一股英气勃
发、威武非凡的神态。

◎ **图6-30** 龟兹男子服饰推定复原效果图

头饰

王后头饰前额上类似冠或裹巾
类的头饰,头饰两侧有飘巾垂
至胸前。

面部特征

王后脸庞饱满,鼻梁高挺,细眉
高挑,显示出欧罗巴人种特点。

外袍

内穿紧身横条纹窄袖衫,外套
绿色半臂双翻领收腰锦衣。

尖头皮靴

脚著尖头黑色皮靴。

颈饰

项间戴有璎珞一串。

下裙

下身穿白底带六边形套
花图案的拖地无褶裙,
裙面上的花纹图案具有
西域风格。

◎ **图6-29** 龟兹女子服饰推定复原效果图

参考文献

［1］周天．织成蕃帽虚顶尖，细毡胡衫双袖小——龟兹服饰艺术［J］.上海艺术家，2007（4）.

［2］刘锡淦，陈良伟．龟兹古国史［M］.乌鲁木齐：新疆大学出版社，1998.

［3］李肖冰．中国西域民族服饰研究［M］.乌鲁木齐：新疆人民出版社，1995.

［4］刘昫．旧唐书［M］.北京：中华书局，1975.

［5］杜佑．通典［M］.北京：中华书局，1984.

［6］（英）斯坦因．西域考古记［M］.向达，译.北京：商务印书馆，2013.

［7］（日）熊谷宣夫．从库车带来的彩绘舍利容器［J］.美术研究，1957.

［8］（日）柘植元一．阿不都赛米·阿不都热合曼，译.萨珊王朝波斯乐器和它的东渐［N］.新疆艺术学院学报，2006-3（4）.

［9］霍旭初．克孜尔石窟壁画裸体形象问题研究［J］.西域研究，2007（7）：15.

［10］（日）原田淑人．西域绘画所见服装的研究［J］.美术研究，1948（1）.

［11］霍旭初．龟兹舍利盒乐舞图［J］.龟兹艺术研究，1994.

［12］新疆龟兹石窟研究所．龟兹壁画艺术丛书［M］.乌鲁木齐：新疆美术摄影出版社，1993.

［13］杨冬梅．唐代咏胡旋舞与胡腾舞诗研究［N］.哈尔滨工业大学学报（社会科学版），2006，3（8）.

［14］赵克军．古龟兹舞蹈试探［D］.中央民族大学硕士学位论文，2006.

［15］郭建设，郭颖．华戎兼采舞动四方——焦作市博物馆藏胡腾舞蹈木俑初探［J］.收藏家，2010（2）.

［16］霍旭初．龟兹艺术研究［M］.乌鲁木齐：新疆人民出版社，1994.

［17］王嵘．多元文化背景下的苏幕遮［J］.新疆艺术，1997（2）.

［18］付明华．龟兹文明及舞蹈艺术［N］.贵州民族学院学报，2005（4）.

［19］蒋燕君．龟兹乐舞中动物模拟舞的艺术特征探析——以西域马舞为例［J］.西北音乐，2015（14）.

［20］耿彬．试论胡旋舞在唐代兴盛的原因及其在唐代以后的发展形态［J］.少林与太极（中州体育），2013.

［21］李丽娜．唐代三大西域乐舞诗研究［D］.兰州：兰州大学硕士学位论文，2007.

［22］马冬雅．关于苏幕遮研究的几个问题初探［J］.西北民族研究，2014（3）.

［23］李安宁．龟兹舍利盒乐舞图研究［J］.新疆艺术学院学报，2003（1）.

［24］卫凌．试论龟兹乐舞及其东渐［J］.西安音乐学院学报，2002（3）.

［25］华梅．中国服装史［M］.天津：天津人民美术出版社，1999.

［26］龚方震．祆教史［M］.上海：上海社会科学院出版社，1998.

［27］杨咏．古长安唐墓壁画中乐舞伎服饰研究［D］.天津：天津师范大学硕士学位论文，2012.

［28］尚衍斌．尖顶帽考释［J］.喀什师范学院学报，1991（1）.

［29］王生岩．"胡旋舞"图案的形象体现——胡旋舞石门［J］.文物鉴定与，2014（7）.

［30］陈海涛．胡旋舞、胡腾舞与柘枝舞——对安伽墓与虞弘墓中舞蹈归属的浅析［J］.考古与文物，2003（3）.

［31］蔡建东，海滨．文学与考古双重视野中的西域乐舞"胡腾舞"［J］.昌吉学院学报，2014（2）.

CHAPTER **7**

于阗服饰

　　于阗是现今新疆的和田一带，也是古代丝绸之路南道久负盛名的重镇，更是东西方商贸文化的交通枢纽。一直以来于阗都以其发达的农业、灿烂的玉石产业以及丝绸古文明而著称。于阗的历史文化也是由定居当地的塞种人、古印度人、中原汉人、吐蕃人、突厥人、羌人共同创造的。

7.1　于阗服饰的整体风貌

于阗国建立的时间大约在公元前 2 世纪。西汉时期，尉迟家族称王，统领于阗。

隋唐时期，于阗承受着西突厥、吐蕃两大势力的侵袭干扰，同时也见证了唐统一西域的繁荣。公元 7 世纪初，由于西突厥统叶护可汗的势力强盛，包括于阗在内的西域各地被西突厥霸占。628 年，统叶护被杀，西突厥汗国也逐渐走向衰败，因此也放松了对西域的控制。贞观六年（632），于阗王尉迟屈密首次派使臣入唐，献玉带，受到太宗款待。640 年，唐灭高昌王国，势力开始进入西域。644 年，玄奘从印度取经回国途径于阗，受到于阗国王热情款待，并被护送到唐境。648 年，唐攻下龟兹，于阗王闻讯后甚感恐慌，于是派子慰劳唐军以求安稳。唐行军长史薛万备率五十骑至于阗，于阗王尉迟伏阇信随薛万备入朝，被唐朝拜为右骁卫大将军，数月后返国，留子弟宿卫。高宗永徽元年，西突厥阿史那贺鲁乘太宗去世唐内务烦乱之际反叛唐朝，再一次控制了整个西域。经过七年的攻战，657 年唐收归了西突厥各部及其所控制的西域各国，正式掌握了包括于阗在内的西域各国宗主权。翌年，重新下设龟兹、于阗、焉耆、疏勒为安西镇。然而，唐朝在西域建立的统治秩序并没有因此而稳定下来。吐蕃开始向西扩张并勾结突厥余部，数次击破于阗。674 年末，于阗王尉迟伏阇雄击走吐蕃，遣使入朝。因攻走吐蕃有功，伏阇雄受封毗沙都督，下置十州，676 年西突厥余部再次与吐蕃联合攻占四镇。679 年，唐以碎叶代焉耆，加强对西域余部的控制。

天宝十四载（755），唐朝爆发安史之乱，于阗王尉迟胜亲自率五千兵赶往中原协助唐投入平叛战乱当中。敦煌写本《天宝十道录》记于阗有“户四千四百八十七”，这就说明于阗的精锐部队已全在这五千兵当中，此番诚意令人颇为感动。尉迟胜赴长安期间将于阗国交由弟弟尉迟曜全权摄政。此后，于阗在尉迟胜的统领下和唐朝镇守军一起击退吐蕃进攻。然而经过三十多年的坚守，790 年，吐蕃攻陷于阗，吐蕃统治期间，不仅藏传佛教进入于阗，而且于阗代表的西域佛教也开始影响吐蕃。直到 842 年，吐蕃赞普被刺身亡，统治了于阗将近半个多世纪的吐蕃王国终于崩溃，其势力也退出了西域。

从 9 世纪后半期开始有关于阗的记载十分稀少，但通过敦煌发现的文书记载可推测吐蕃退出于阗统治后于阗获得了完全独立。901 年开始，于阗王国与敦煌的沙州归义军政权建立了联系，于阗王李圣天娶归义军节度使曹议金女为皇后，更拉近了两地的关系。938 年，后晋使臣张匡邺、高居晦出使于阗，晋高祖册封李圣天为大宝于阗国王。998 年，西西喀喇汗王朝攻入于阗，由于于阗孤立无援，1006 年前后，于阗被黑韩王国灭掉。人们把于阗独立的这段时期称为“晚期佛教王国”。此后，于阗的人种和语言逐渐突厥化，宗教信仰也由佛教转变成了伊斯兰教。

古往今来，服饰都承载着人类文明的历史，它的存在价值不仅局限于实用功能，还体现着一个民族某一时期的精神文化。在不同时期于阗与周边民族都有着深入的交流与活动，如汉、突厥、吐蕃、波斯、粟特等民族。多种文化的交融碰撞，不仅丰富了于阗的历史文化，也丰富了于阗的服饰文化。从文献记载来看，于阗经历了被不同民族政权统治的时期，分别为中原王朝统治时期、突厥统治时期、唐王朝统治时期、吐蕃统治时期和于阗独立自治这五个时期。于阗被各民族统治期间，服饰有着不同的体现。如公元 6 世纪初（518），《宋云行纪》中就有记载，北魏宋云出使西域，西行至于阗拜见了国王，“王头著金冠似鸡帻，头后垂二尺生绢，广五寸，以为饰。其俗妇人裤衫束带，乘马驰走，与丈夫无异”。再有《隋书》《北史》《西域传》中也有“于阗王锦帽金鼠冠”的记载。虽然这些只是对于阗王族妆饰的部分记载，但也可以推测出这一时期于阗服饰的特点为中原与西域地区民族服饰相结合。 于阗在突厥文化的影响下，服饰也发生了一定程度的改变，其中有对于阗王室服饰的记载："王所居室，加以朱红。王冠金帻，如今胡公帽；与妻并坐接客。国中妇人皆辫发，衣裙袴。"可以看出文献中所描述的"金冠胡帽，妇女辫发，穿裙裤"皆为突厥人的习惯打扮。又有文献记载："渴盘陁国，于阗西小国也。风俗与于阗相类。衣吉贝布，著长身小袖袍，小口胯。"据此可知西域古王国与于阗穿着相类，着小口胯。这里所说的"小口胯"其实是袴褶服的雏形，已很接近裤褶的样式，是北方与西北方游牧民族常着的一种服装，突厥正是北方游牧民族，于阗人所着与其相类似，有突厥的影子，因

◎ **图7-1** 巴拉瓦斯特佛寺遗址中供养人壁画

此可以推断出这一时期于阗服饰形制基本上是按照突厥汗国的服饰规定而实行的。由于年代和地理环境的影响，在隋唐时期发现的于阗服饰，实物和图像资料并不多，且大部分的遗物均已破损并且残缺不全，研究起来有一定的难度。对于阗服饰的研究主要依托于新疆地区的佛寺遗址和敦煌莫高窟、榆林窟中的壁画图像。

巴拉瓦斯特佛寺遗址位于新疆策勒县达玛沟乡，佛寺壁画中所绘供养人像是公元8世纪的文物，画中人物从左至右依次为小儿、男性人物、女性人物（图7-1）。壁画中人物形象为研究于阗服饰提供了宝贵的参考依据，是现今少见的载有于阗世俗人物服饰形象的出土文物。但可惜的是，斯坦因已将这幅壁画割走，在我国境内没有实物保存，壁画现存放在大英博物馆。

7.2 于阗贵族男子服饰的复原

男主人服饰：从图7-2画中可以看出，男子剪发垂项或戴圆顶帽，身穿左衽或翻领对襟长衣，窄袖；领口和门襟以及下摆边缘都有红底白点沿饰，脚穿黑色长靴，腰束带。笔者认为此处男主人所系腰带与龟兹人佩带的金宝带相同。根据《旧唐书·西域传》记载发现，龟兹国的国王戴锦帽，穿锦袍，腰饰金宝带，说明龟兹人有束金宝带的穿衣风俗习惯。然而在这幅壁画中的男子也在腰间系有联珠状铁片革带，所以笔者推断当时的于阗人也受到了龟兹的影响，也使用金宝带作为腰间装饰。除此之外还会配刀、巾、荷包、火石等。

男子服饰复原图：在款式上，完全按照其图像所示复原。在图案面料上，复原面料的选取笔者是根据史料记载以及出土实物来判断出该供养人所着应为织锦面料。服饰图案为斜纹菱格点状图案，领口、前襟、袖边及下摆底部皆有简单的边饰，在达玛沟三号佛寺壁画中有着白底蓝花斜纹菱格长袍的人物形象，可作为参考。再根据前述笔者研究所知，于阗人有用宝相花纹作为服饰图案的喜好，因此，笔者绘制白底蓝花斜纹菱格作为大身图案，宝相花纹作为其边饰和翻领边的面料图案（图7-3）。

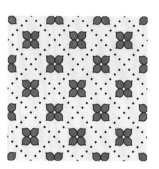

长袍面料图案

翻领边面料图案

宝相花纹边饰面料图案

◎ **图7-3** 于阗男子服饰面料图案推定复原效果图

◎ **图7-2** 于阗贵族男子服饰推定复原效果图

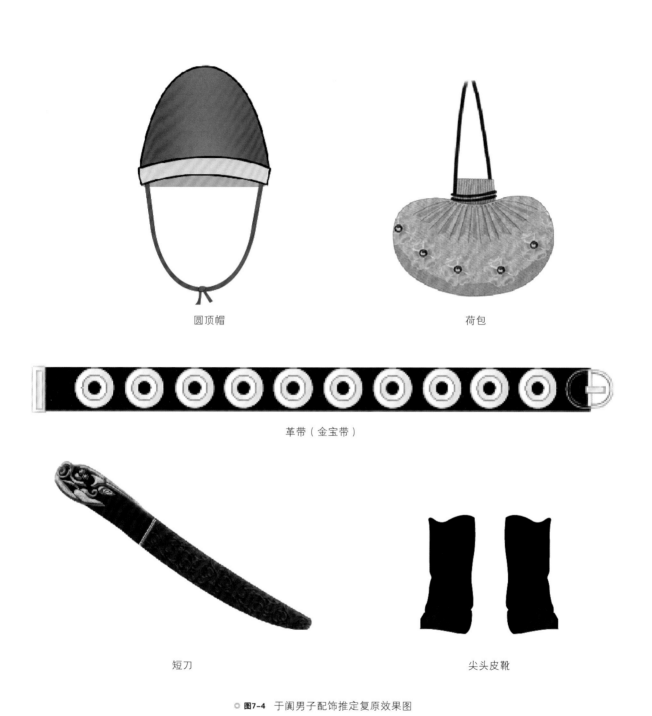

圆顶帽　　　　　　　　　　　荷包

革带（金宝带）

短刀　　　　　　　　　　　尖头皮靴

◎ **图7-4** 于阗男子配饰推定复原效果图

　　复原配饰：笔者通过仔细研究发现，该男子供养人所戴帽可能为圆顶胡帽，也可能梳着西域典型的齐项短发。为了展现服饰整体效果，笔者绘制了圆顶胡帽作为其服饰配饰，并将男子腰间佩戴的短刀、革带及荷包也做了图像复原，另配黑色尖头靴（图7-4）。

7.3 于阗贵族女子服饰的复原

女主人服饰（图7-5）：女性头梳高髻或辫发，由于头以上壁画已残缺，所以无法做出准确判断，只能是推测。女主人的服饰较为特殊：上着 V 形翻领带褶裆、束腰外衣，袖型为喇叭形宽袖口，在袖子半臂和腰两侧都缝有红底白点边饰。整个衣服缝缀着宽宽的边饰，下着白色百褶裙。

考虑到为突出于阗服饰特点的因素，女子服饰复原图在款式上做了一些改动，把原图中为开襟的前片改为了胡服特有的左衽开襟款式，其他服饰结构基本上是参照原图进行的复原。复原面料及图案。通过文献记载及出土实物判断分析出，该供养人所着服饰面料为织锦面料，百褶裙为纱制面料。壁画中女子所着长袍为纯色，没有图案纹样。为了呈现出更为直观的服饰效果，笔者用电脑绘制了西域胡服常用的花簇图案作为长袍主要图案，将于阗惯用的卷草花纹藤蔓作为边饰图案，尽量还原其服饰风貌（图7-6）。

◎ **图7-5** 于阗贵族女子服饰
推定复原效果图

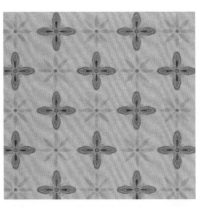

长袍面料图案

翻领边面料图案

卷草纹边饰面料图案

卷草攀枝纹边饰面料图案

◎ **图7-6** 于阗女子服饰面料图案推定复原效果图

7.4 于阗国王服饰的复原

莫高窟第98窟是曹议金主修的功德窟，建造于后唐同光年间（923-925）。在几个存有于阗国王、王后供养像的窟中，第98窟属于这些窟中最为主要也是受到关注最多的一身，画像高达2.82米，是莫高窟中现存最大的供养人像，目前为止还没有发现其他帝王以供养人身份存在于洞窟壁画中，因此，能以王者风范出现在敦煌壁画中，实为罕见。

画像位于主室东壁门南北向第一身，造像前有题记牌柱，榜题为"大朝大宝于阗国大圣大明天子即是窟主"（图7-7）。妆饰上李圣天画像立于华盖之下，两侧有童子飞天，画像中于阗国王头戴冕旒，在冕板之上饰有金轮数枚和二龙戏珠，冕板前后分别挂有六条红绿相间的珠旒，饰有北斗七星。冠卷呈筒状样式，并盘有数条金龙盘，玉珠缀满整个冠冕，头后垂红色绢巾，佩戴耳环，面部扁平，胡须较少，呈现出中原地区蒙古人种面貌，而非深目高鼻、多髭的胡人面貌。服饰上：身着交领广袖赭色衮龙深衣袍，白纱中单；肩部左右绘有金乌与桂树的日月图案，在大袖上绘有四爪升龙，下裳绘有山川、云朵、升龙，与唐代的衮服制度部分相结合，衣领、袖边均饰有橙色镶边，长裙蔽膝，腰束大带，蔽膝上绘着"二龙踏祥云戏莲花火焰纹宝珠"图案，左侧腰挂牙雕手形柄宝剑，这并非中原传统的王者装束，而是于阗本族特有的妆饰习惯。脚穿分梢履，踏于彩色祥云花毯之上，右手前伸，两指捻花，左手捧玉柄熏炉，虔诚供养。小指还配戴一只镶嵌绿玉宝石的指环，突显了于阗国本族特色。李圣天的服饰与中原帝王服饰十分相似，但又反映出了于阗当地风俗习惯，体现了汉族帝王传统装束与于阗本族服饰相结合的特色。

壁画中于阗国王和王后服饰在款式上均为典型的汉式礼服样式，其服饰形制也比较清晰，复原款式按原壁画绘制。于阗国王复原面料及图案：根据文献记载可知，当时的于阗国王所着服饰面料仍为织锦。通过前述研究可知，于阗国王所着衮服纹样并不完全与中原帝王一致，仅有"八章"与唐代的衮服制度相合，分别是两肩上的日、月、星辰，大身上的华虫、山、黼、黻，衣袖上绘制的升龙，下裳上的山川、云朵、升龙。衣领、袖边均饰有橙色镶边，蔽膝上刺有"二龙踏祥云戏莲花火焰纹宝珠"纹样（图7-8）。

◎ **图7-7** 莫高窟第98窟于阗王供养像

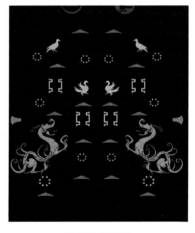

衮服图案纹样

蔽膝纹样

团花纹样边饰图案

◎ **图7-8** 于阗国王服饰面料图案推定复原效果图

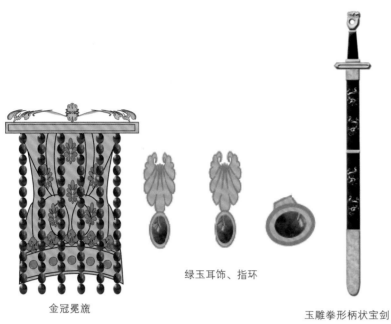

绿玉耳饰、指环

金冠冕旒

玉雕拳形柄状宝剑

◎ **图7-9**　于阗国王配饰推定复原效果图

复原配饰：于阗国王的头饰主要为金制冕旒，上边挂有红绿相间的珠旒。冠卷呈筒状样式，并盘有数条金龙盘，玉珠缀满整个冠冕。耳垂佩戴绿玉耳环，手戴绿玉宝石戒指，腰间所配宝剑为玉雕拳形柄状，充分体现出于阗闻名遐迩的产玉国之特色（图7-9、图7-10）。

◎ **图7-10**　于阗国王服饰推定重原效果图

7.5　于阗王后服饰的复原

于阗王后供养像位于莫高窟第98窟主室东壁门北侧供养人行列之中第二身（图7-11），在于阗国王之后，榜题为"大朝大于阗国大政大明天册全封至孝皇帝天皇后曹氏一心供养"。妆饰上：王后头戴镶满绿玉珠饰的立凤形花冠，两边饰步摇，鬓发包面，发髻上也有绿玉宝石镶嵌的花钗，耳垂绿玉耳环，颈上配有五串相连的碧绿色瑟瑟珠，全身珠光宝气，富丽奢华；王后虽然面部妆容已残缺不清，但仍可看出眉间饰有花钿，两颊贴花靥，此为汉族妇女妆饰习俗。服饰上：于阗王后内穿回鹘式圆领或翻领窄袖衣，领口、袖口均绣有花鸟纹饰，外披汉式对襟大袖长袍，袖长下垂直至膝部，袍上绘有团簇飞鸟图案，肩披绣凤攀枝图案的披帛，脚穿平头绣鞋。双手托香炉，神态虔诚。

◎ **图7-11**　莫高窟第98窟于阗王后供养像

于阗王后服复原面料及图案：根据壁画和文献记载的推断可知，王后大袖袍面料为织锦，袍上绘有团簇飞鸟图案，底色为赭色。内穿的回鹘式长衣领口、袖口图案均为花鸟纹饰。披帛上为凤鸟衔枝纹图案（图7-12）。

复原配饰及妆饰：壁画中所呈现的头饰金制凤冠，冠体上立有一只盘尾大凤，并在上边镶满绿玉宝石，在冠的两侧均插有绿玉装饰的如意形钗并缀有步摇。其发髻为两博鬓，鬓发包面，在发髻上饰有绿玉花钿，面靥，耳垂也佩戴镶有玉石的耳饰，项饰则由五圈彩色宝石串珠镶嵌而成（图7-13、图7-14）。

领口、袖口凤鸟衔枝纹图案　　凤鸟衔枝纹披帛图案　　　　广袖长袍团簇飞鸟图案

◎ 图7-12　于阗王后服饰面料图案推定复原效果图

妆容

立凤金冠

五圈彩色宝石串珠、耳环

◎ 图7-13　于阗王后配饰推定复原效果图　　　　◎ 图7-14　于阗王后服饰推定复原效果图

7.6 于阗服饰推定复原效果图（图7-15~图7-18）

翻领边面料图案

白底蓝花斜纹菱格作为大身图案，宝相花纹作为其边饰和翻领边的面料图案。

荷包

男子腰间佩带荷包。

壁画

巴拉瓦斯特佛寺遗址位于新疆策勒县达玛沟乡，佛寺壁画中所绘供养人像是公元8世纪的文物，画中人物从左至右依次为小儿、男性人物、女性人物。壁画中人物形象为研究于阗服饰提供了宝贵的参考依据，是现今少见载有于阗世俗人物服饰形象的出土文物。

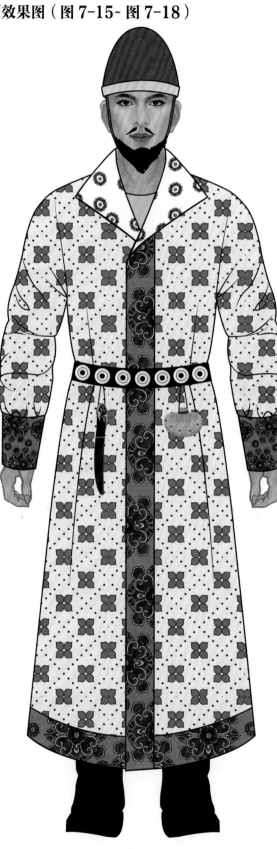

圆顶帽

圆顶胡帽作为其服饰配饰。

面料图案

达玛沟三号佛寺壁画中有着白底蓝花斜纹菱格长袍的人物形象，可作为参考。

宝相花纹边饰面料图案

服饰图案为斜纹菱格点状图案，领口、前襟、袖边及下摆底部皆有简单的边饰。再根据前述笔者研究所知，于阗人有用宝相花纹作为服饰图案的喜好。

腰带

皮革为主要材料，饰有各种形制的金属片，腰带上便于佩带随身刀具等物品。

尖头皮靴

男子脚穿尖头皮靴。

◎ 图7-15 于阗贵族男子服饰推定复原效果图

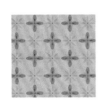

长袍面料图案

西域胡服常用的花簇图案作为长袍主要图案,将于阗惯用的卷草花纹藤蔓作为边饰图案。

卷草攀枝纹边饰面料图案

在袖子半臂和腰两侧都缝有红底白点边饰。整个衣服缝缀着宽宽的边饰。

壁画

在袖口处缝缀着红底白点纹样的宽边饰,下着白色百褶裙。

翻领边面料图案

西域胡服常用的花簇图案作为长袍主要图案。

卷草纹边饰面料图案

将于阗服饰惯用的卷草花纹藤蔓作为边饰图案。

长筒靴

壁画中于阗女供养人脚穿长筒靴,是西域少数民族常见的一种鞋服形式。

◎ **图7-16** 于阗贵族女子服饰推定复原效果图

金冠冕旒

于阗国王头戴冕旒,在冕板之上饰有金轮数枚和二龙戏珠,冕板前后分别挂有六条红绿相间的珠旒,饰有北斗七星。

绿玉耳饰、指环

耳垂佩戴绿玉耳环,手戴绿玉宝石戒指。

玉雕拳形柄状宝剑

腰间所配宝剑为玉雕拳形柄状,充分体现出于阗闻名遐迩的产玉国之特色。

团花纹样

身着交领广袖赭色衮龙深衣袍,白纱中单。

分梢履

鞋履高的头部凸出两个尖角,又称"岐山鞋"。始于西周,唐代沿袭。

蔽膝纹样

蔽膝上刺有"二龙踏祥云戏莲花火焰纹宝珠"纹样。

衮服图案纹样

在大袖上绘有四爪升龙,下裳绘有山川、云朵、升龙,与唐代的衮服制度部分相结合。

壁画

莫高窟第98窟于阗国王供养人画像。画像位于主室东壁门南北向,第一身造像前有题记牌柱,榜题为"大朝大宝于阗国大圣大明天子即是窟主"。于阗国王服饰与中原帝王服饰十分相似,体现了汉族帝王传统装束与于阗本族服饰相结合的特色。

◎ 图7-17　于阗国王服饰推定复原效果图

立凤金冠

王后头戴镶满绿玉珠饰的立凤形花冠，两边饰步摇，鬓发包面，发髻上也有绿玉宝石镶嵌的花钗。

五圈彩色宝石串珠耳环

耳垂绿玉耳环，颈上配有五串相连的碧绿色瑟瑟珠。

凤鸟衔枝纹披帛图案

汉式对襟大袖长袍，袖长下垂直至膝部，袍上绘有团簇飞鸟图案，肩披绣凤攀枝图案的披帛。

翘头履

为防止踩到身前下裙而做的鞋履样式。

妆容

眉间饰有花钿，两颊贴花靥，此为汉族妇女妆饰习俗。

广袖长袍团簇飞鸟图案

大袖袍面料为织锦，袍上绘有团簇飞鸟图案，底色为赭色。

◎ **图7-18** 于阗王后服饰推定复原效果图

119

参考文献

［1］王嵘.西域史话：昆仑迷雾——于阗.［M］.昆明，云南人民出版社，20014.

［2］张广达、荣新江.八世纪下半至九世纪初的于阗.《于阗史丛考》（增订本），第240-266页.

［3］（宋）欧阳修《新五代史》卷74《四夷附录》于阗条，第917页.北京：中华书局。

［4］荣新江、朱丽双.十一世纪初于阗佛教王国灭亡新探——兼探喀喇汗王朝的成立与发展.朱玉麟主编《西域文史》第6辑［M］.北京：科学出版社，2011，第191-201页.

［5］（唐）姚思廉，梁书·西域诸戎［M］.北京：中华书局，1973年，卷54，第813页。

［6］《南史》卷七九《夷貊下》.北京：中华书局，1975年版，第1985、1987页。

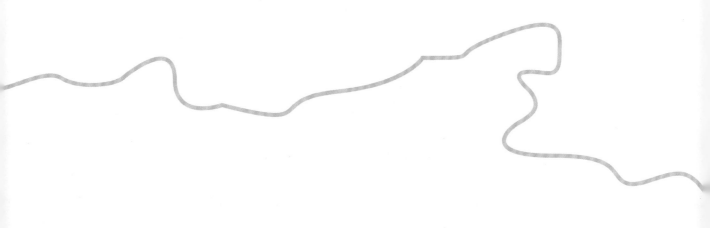

CHAPTER 8
突厥服装

　　从公元 5 世纪开始，亚洲历史的面貌发生了巨大变化，其主要特点之一是持续的从东向西的突厥化浪潮。亚洲中部东起河西走廊、西至波斯的广大区域内，自从人类有文字记载的历史时代开始，就为操各支伊朗语或其他印欧语的民族占领。公元 5 世纪起，原先在蒙古高原等地区游牧的操突厥语部落逐渐向西迁移，他们迅速同化了操伊朗语和其他印欧语的民族，这个过程大约一直持续到蒙古时代。

8.1　突厥服饰的整体风貌

突厥是中古时期活动于北方草原的一支重要的游牧民族。"突厥"一词在我国史书上用来指称公元6—8世纪游牧在我国北方广大地区、操古代突厥语（或若干古代突厥方言）的部落联合体。一般说来，广义的突厥指的是包括所有属于铁勒和突厥的操突厥语的各部族。突厥原本指驻牧在金山地区的以阿史那氏及其近亲氏族为核心的一个小部落，因为它们在隋唐时代建立了横跨亚洲北部的大帝国，征服了蒙古高原与欧亚草原上的许多民族，所以他们的名称成为受他们统治的各游牧民族的共同名称。狭义的突厥则指突厥族及其汗国。现代这个词作为语言学的术语，用来泛指操各种突厥语的民族。

突厥之名最早见于《周书》卷二七《宇文测传》。《宇文测传》载，西魏大统八年（542）以前，突厥每岁于河水结冰后，即来侵掠西魏北边。据此可见，突厥的兴起当在公元6世纪中叶。在此以前，它的同族铁勒已经发展为一个庞大的族系，分布于大漠南北，东起今贝加尔湖，西至中亚细亚的辽阔地区。

突厥人最初的起源地在准噶尔盆地之北，原是一个以狼为图腾的部落。初期游牧于中亚的叶尼塞河上游，后迁徙至高昌之北山。公元6世纪中期，突厥首领阿史那土门合并了铁勒各部五万余落（户），力量更加强大。551年，西魏文帝以长乐公主嫁给土门，突厥与中原王朝建立了比较密切的联系。552年，土门发兵大败曾经奴役他们的柔然，在我国北方，以漠北为中心建立起一个突厥汗国，自称伊利可汗。552年，突厥可汗国建立后，开始不断向外扩张。传至木杆可汗时，击灭柔然，威服塞外诸族，辖境"东自辽海（指今辽河上游濒海一带）以西，西至西海（今中亚里海）万里，南自大漠以北，北至北海（今贝加尔湖）五六千里"，可汗牙帐（汗庭）设在于都斤山（即今鄂尔浑河上游杭爱山之北山）。木杆可汗在位时（553-572），曾派室点密率十大首领和十万人经略西域，攻占了大片土地。北齐后主天统三年（567），突厥汗国分裂成东突厥、西突厥两部，其中西突厥占有西域地区。唐初，东、西突厥灭亡于唐，高宗末东突厥复国建立后突厥汗国。745年，唐朝与回纥攻灭后突厥汗国，东突厥诸部或者在战争中消亡，或者融入回鹘，或者融入唐朝。龟兹在其十部之一弩失毕部乙毗沙钵可汗的辖地内。657年，西突厥汗国为唐朝击灭。

从554年突厥木杆可汗与波斯王库思老一世达成盟约，灭嚈哒国，瓜分其领土，而进入河中地区起，到阿拉伯人征服中亚止，在西突厥统治中亚两个世纪的时间里，突厥可汗的权威只是名义上的，从未建立统一集中政权，而是处于分裂割据状态。在历史上，西亚的文化对西域绿洲的定居民族和欧亚草原的游牧民族一直有着很大的影响。突厥人在创制突厥文时受到西方文化的影响，回鹘人因受粟特文启发而创制回鹘文，突厥化和伊斯兰运动使丝绸之路沿线地区的历史发生了根本变化，其结果一直遗留至今日。今天的"突厥"并不是一个单一民族，而是语言属于突厥语族的各个民族的统称，是今中亚和西亚的主要民系之一，他们大多是历史上受突厥人统治或者突厥化的其他民族以及古代突厥人的后裔。分布于东欧的操突厥语民族外形似东欧白种人，分布于亚洲北部的操突厥语民族与蒙古人长相相似，而分布于中亚的操突厥语民族从外形上看则介于印度、中国与伊朗人之间。

研究古突厥造型艺术的资料主要为广泛分布于中亚与北亚大陆的草原石人。突厥人在墓葬前立石人是一个非常显著的标识。目前发现的突厥石人已达一千个左右。在新疆维吾尔自治区历史博物馆中，陈列着一尊突厥石雕像，来自于新疆温泉县阿尔卡特草原，故称之为阿尔卡特石人（图8-1）。石像高约2

◎ **图8-1** 阿尔卡特石人

米，是典型的突厥人石雕像。这件石雕像身上穿着一件过膝的大衣，翻领，左边开襟。

缠头是古代西北少数民族喜欢的一种装饰，如突厥。唐初玄奘"至素叶水城，逢突厥叶护可汗，方事畋游，戎马甚盛。可汗身著绿绫袍，露发，以一丈许帛练裹头后垂，达官二百余人皆锦袍编发，围绕左右"。叶护可汗显然以缠头装饰。这种突厥人的形象在吐鲁番壁画中有所体现。柏孜克里克第16窟坛南侧残存的供养人（图8-2），着长袍，身后垂一条长红绢，黑发随长绢下垂。第27号窟壁画中的男供养人像，是一幅有关突厥人形象的画像。画面上的人物身穿长袍，头不戴冠，身后拖着一条长绢。这与《大慈恩寺三藏法师传》中对突厥叶护可汗"身著绿绫袍，露发，以一丈许帛练裹额后垂"的记载完全相符。

关于突厥人相貌，根据2000年内蒙古文物考古研究所等单位对正镶白旗乌宁巴图苏木西北18公里处的英图墓地的调查，该墓地分为两区，其中一处突厥墓地约有墓葬二十座，均为长方形竖砌石板墓。突厥石人有别于其他民族和时代的同类遗物，呈现着自己突出的民族特征。第一，其形貌具有明显的人种特征。突厥石人普遍脸型宽圆，颧骨高起，男像多八字胡或山羊胡，绝少连腮胡者，这

◎ **图8-2** 柏孜克里克第16窟坛南侧壁画

◎ **图8-3**　a.嚈哒王乘象出行图
　　　　　　b.突厥首领骑马出行图，Miho美术
　　　　　　　馆粟特石棺屏风

无疑是东方蒙古利亚人种的形貌。第二，其衣服装饰极富民族特色。它们多袍服左衽，腰束宽带；头戴无檐高帽，或披散头发；右手杖刀抚剑，贴于胁下，这与突厥人左衽辫发、习猎尚武的社会生活相吻合。第三，其举止神态透露出浓厚的突厥习俗。如石人多左手托持一杯，向东高高举起，这是突厥人尚东敬日习俗的形象特写。

　　Miho 美术馆粟特石棺屏风中的突厥首领骑马出行图（图8-3），共有五人骑马由左向右行，中间一人是长发突厥，头上有华盖，是这个画面的主人。他的随从，也主要是披发突厥人。这幅突厥首领骑马出行图是和对面的嚈哒王乘象出行图相对应的。

8.2　突厥服饰的复原

　　依据石刻壁画上的人物形象对服饰进行梳理，归纳其服饰主要为翻领紧身长袍，主要有单翻领与双翻领两种。从阿弗拉西阿卜遗址壁画上的人物形象来看，人物的服饰色彩有红色与黄色两种，系腰带，腰带上坠有带囊与长剑，脚穿深色尖头长靴（图8-4、图8-5）。

　　又根据 10 世纪的军事文献《战术总集》作者笔下所描绘的 11 世纪的突厥人（图8-6），他们使用弯刀，不穿铠甲（虽然有些人戴了用兽角甲片制成的套帽子），装备剑、长矛和两到三支标枪。他们也可能使用作为马弓手的装备。盾牌方面，他们携带巨大的步兵用skuta式椭圆盾或thureos圆盾。

　　在薛宗正教授的《突厥史》中也描述了突厥的服饰：可汗穿着绿绫袍，锦袍辫发，裘褐毾毛。唐时

◎ **图8-4** 《公主出嫁康国图》局部

◎ **图8-5** 辫发的突厥使者

期突厥虽为中亚的霸主，其服饰的面料图案因受到粟特文化和唐文化的影响，在具有西域风格的同时又兼具唐服饰文化的特点。

8.2.1 突厥男性服饰的复原（一）

根据阿弗拉西阿卜遗址的壁画内容和相关文字描述，对突厥服饰形象进行了复原。这部分壁画由苏联考古学家 B.A. 希什金于 1965 年春发现，下面部分留存，有 2 米高。壁画作于 7 世纪，正当撒马尔罕古城经济繁荣、文化昌盛，在政治、经济、文化上与唐朝保持密切联系的时期。在壁画中可以看出，突厥人的装束，多作辫发，着翻领袍，腰系蹀躞带，特征明显。幞头、圆领袍、蹀躞带展示着唐朝的风采。服饰形象特点："冬裘夏褐，披发左衽。"辫发，身穿圆领紧身长袍，窄袖口，腰系带，腰间系有袍肚，防止长剑与衣物的摩擦。脚穿靴。服饰面料部分根据《中国传统服饰图案》进行复原，最终复原出了突厥男子形象（图8-7）。

◎ **图8-6** 土著轻骑兵（Trapezitos）和佩切涅格人雇佣兵

◎ **图8-7** 突厥男性服饰推定
复原效果图（一）

8.2.2 突厥男性服饰的复原（二）

根据陕西西安北周安伽墓墓室石门及围屏石榻图案（图8-8）所反映的粟特、突厥人的生活场景，其服饰特点为：辫发，身穿翻领紧身长袍，窄袖口，腰系带，腰间坠有长剑。脚穿靴。复原依据西安北周安伽墓墓室石门及围屏石榻图案，服饰面料部分参照《中国传统服饰图案》一书，最终推定出了突厥男子形象（图8-9）。

◎ **图8-8** 陕西西安北周安伽墓墓室石
门及围屏石榻图案

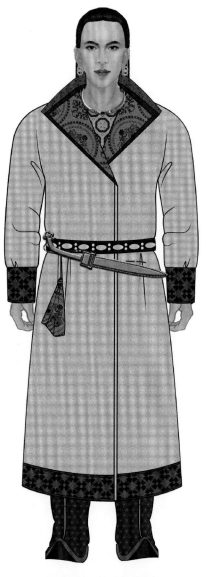

◎ **图8-9** 突厥男性服饰推定复原效果图（二）

◎ 图8-10 毗伽可汗王冠（现存于蒙古国博物馆）

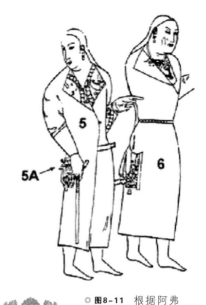

◎ 图8-11 根据阿弗拉西阿卜壁画推论的服饰外形

8.2.3 突厥男性服饰的复原（三）

2001 年，土耳其考古工作者在蒙古国中部毗伽可汗陵园发现了一批古代突厥人珍贵的文物，其中最引人注目的是一件装饰神秘鸟的黄金王冠毗伽可汗王冠（图8-10）。毗伽可汗王冠（现存于蒙古国博物馆）制法是比较典型的草原黄金工艺。王冠有五个立板，每板分别镶嵌 一 至 三 颗红宝石，总数在十二颗以上。王冠上的基本纹样是锤揲出的忍冬花草纹，最值得注意的是正中板上锤揲出一只展翅鸟的形象，鸟尾上方呈葵花状日轮。经过与阙特勤头像的分析比较，可以认为王冠上的展翅鸟正是唐代中原地区流行的朱雀的正面形象。

突厥人在公元 6 世纪 60 年代打败了嚈哒，粟特地区从此归突厥人统领。突厥人发现了粟特人的经商头脑，与此同时，粟特也需要突厥人的支持来保持商贸道路的安全，于是两个民族之间由此展开了合作交流。公元 6 世纪下半叶，粟特语成为突厥可汗的行政机构的官方语言。两个民族的交往过程中粟特的服饰形制受到了突厥人的服饰的影响。公元 6 至 8 世纪时期的粟特服饰中出现了翻领的服饰，笔者据此推断，翻领服饰为公元 4 世纪以后新加入的服饰形制，属于外来款式。而公元 4 世纪以后突厥与粟特人联系得最为紧密，根据草原石人的轮廓特点，以及在阿弗拉西阿卜壁画中确定的突厥人形象和美秀、安伽、虞弘三处墓葬中出现的突厥人形象，可知突厥男性服饰翻领特点明显（图8-11）。推定突厥男性服饰特点：辫发，身穿翻领紧身长袍，窄袖口，腰系带，腰间坠有长剑。脚穿靴。服饰面料部分参照《中国传统服饰图案》与联珠纹进行复原，最终复原出了突厥男子形象（图8-12）。

◎ 图8-12 突厥男性服饰推定复原效果图（三）

◎ **图8-13** 突厥女性服饰
推定复原效果图（一）

◎ **图8-14** 突厥女性
服饰推定复原效
果图（二）

8.3.4　突厥女性服饰的复原

　　经过课题组的调研，明确断定为突厥女性形象的壁画和雕像非常稀少。俄罗斯学者伊夫里耶夫在《中国壁画中的早期突厥人形象与蒙古国新发现墓葬中的陶俑》一文中，较细致地介绍了多个突厥男性形象，但所有女性俑都是汉族女子形象。作为世界突厥文化研究的专家，伊夫里耶夫在文中也坦言："众所周知，真实表现那个时代女性服饰细部的女性形象很少。在很多情况下，可能描摹的是乌买女神（Goddess Umai）石像和她的类似形象，以及塔什干绿洲（Chach）钱币上统治者的妻子。其他女俑非常罕见。"在文中他还描述了 Richard Stern 艺术基金会藏品中一件疑似突厥女性的陶俑，"她坐在骆驼背上，正为婴儿哺乳。女性体态丰满，面如满月，身穿溜肩长袍。里面穿一件竖领红色衣衫，衣袖卷起，下穿一件白色长裙，从腰间扎紧。裙下穿白色宽裤，脚蹬红色鞋履。头顶形如半个鸡蛋的高髻。短发（锁骨未伸至颅骨底部更低之处），腕戴窄边手镯。"这样的造型应基本符合早期突厥服饰的特点。4 世纪以后突厥与粟特人联系得最为紧密，课题组综合文献的描述，结合在美秀、安伽、虞弘三处墓葬中所出现的突厥人形象，推断突厥女性服饰与男子服饰形式大体相似，局部有所不同，主要特点为女性戴帽、辫发，身穿单翻领紧身长袍，窄袖口，腰系带，脚穿靴。据此复原出了两款突厥女子形象（如图 8-13、图 8-14）。此推定效果假想成分较多，仅供大家参考。

8.3 突厥服饰推定复原效果图（图8-15~图8-19）。

**阿弗拉西阿卜
遗址壁画**

撒马尔罕古城——阿弗拉西阿卜，是最值得注意的粟特遗址之一，在古城中心房屋废墟中，苏联考古学家 B.A. 希什金于 1965 年春发现有些墙面绘有壁画，下面部分留存，有 2 米高。壁画上一部分反映了突厥人形象。

突厥耳饰

突厥男子佩戴耳饰作为装饰与象征。

袍肚

突厥人腰间系有袍肚。袍肚是一种围绕人体腰腹的服饰配件，防止长剑与衣物的摩擦。

靴

突厥人穿靴，也称乔鲁克。

长袍

突厥人身穿圆领紧身长袍，窄袖口，在袖口有宽条带的装饰。

◎ **图8-15** 突厥男子服饰推定复原效果图（一）

**安伽墓墓室石门
围屏石榻图案**

陕西西安北周安伽墓墓室石
门及围屏石榻图案，反映了的
粟特、突厥人的生活场景。

突厥带具

突厥人腰系带。带即是服装
的有机组成部分，还是装饰品
的组成部分。有些讲究的贵
族，束的皮带很宽，带上镶嵌
各种铜质饰扣。

突厥短刀

突厥人腰系带，腰间系有
袍肚。

靴

靴的历史悠久，突厥人穿靴，
也称"乔鲁克"，乔鲁克是突
厥语，《突厥语大词典》中对
乔鲁克注释为："使用皮子制
作的靴子"。

突厥耳饰

耳饰是中国古代首饰中的一
个门类。耳饰作为首饰之一
员，其位于人的头面两侧，这
使得佩戴者会特别赋予耳饰
设计以巧思和华贵的材质，使
其极具审美价值，并直观地展
示出佩戴者的身份和情趣。
其体量小巧，但并不影响工匠
们鬼斧神工之技艺的发挥。

长袍

突厥人最常穿的是外套，有两
种款式，其中一种稍长，过膝，
显得厚重，这是冬季服装。突
厥大衣都是翻领，左边开襟。

◎ **图8-17** 突厥男子服饰推定复原效果图（二）

突厥人形象

根据草原石人的轮廓特点，和在阿弗拉西阿卜壁画中确定的突厥人形象，以及在美秀、安伽、虞弘三处墓葬中均出现的突厥人的形象，其服饰翻领特点明显。服饰特点：辫发，身穿翻领紧身长袍，窄袖口，腰系带，腰间坠有长剑，脚穿靴。

环形饰物

突厥男子佩戴镶有宝石的金属环形饰物作为装饰。

突厥带具

突厥人腰系带。突厥带具在方形带下系有一些窄带，窄带可佩一些吊扣。

靴

突厥人的靴鞋目前发现的只有两种形式：一种是高腰靴子，一种是矮腰鞋子。皮质为主，偶有毡质的。

毗伽可汗王冠

突厥第二汗国毗伽可汗王冠由黄金制成，有五个立板，每板分别镶嵌一至三颗红宝石，总数在十二颗以上。王冠上的基本纹样是锤揲出的忍冬花草纹。最值得注意的是正中板上锤揲出一只展翅鸟的形象，鸟尾上方呈葵花状日轮。

突厥刀

突厥人武器前端是劈口，单面刃，是当时游牧民族一种马刀，较为修长精致。

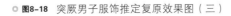

◎ **图8-18** 突厥男子服饰推定复原效果图（三）

《公主出嫁康国图》局部

壁画作于公元 7 世纪，正当撒马尔罕古城
经济繁荣、文化昌盛，在政治、经济、文化上
与唐朝保持密切联系的时期。其一画面绘
有装饰华丽的白象和跟在后边的骑马女傧
相、两个持节杖并肩骑驼的使者、随从、士
兵和携带礼品的使者，旁边还有许多马驼
以及大白鸟随行。根据画上粟特文题诗，
此为查甘尼扬地区公主出嫁康国的行列，
或称《公主出嫁康国图》。

突厥耳坠

突厥女子佩戴花瓣形状耳饰
做工精巧，中间镶有宝石。作
为装饰与象征，耳饰是中国古
代首饰中的一个门类。

靴

突厥人脚穿靴。靴的历史悠
久，也称乔鲁克。

帽子

为了御寒，突厥人戴皮制的帽
子。突厥人中还流行戴毡帽
的习俗。毡帽有尖顶、圆顶的
区分。

袍

未发现有关突厥女子服饰，现
依据粟特女款服饰推断复原
突厥女子服饰的款式。翻领
紧身长袍特点是：窄长袖，对
襟，领子与门襟处缘饰；右
翻领子单独外翻。

◎ **图8-18** 突厥女子服饰推定复原效果图（一）

突厥服饰纹样

图案少见连珠纹,偏好有规律
的几何纹样。

突厥耳坠

突厥女子佩戴花瓣形状耳饰
做工精巧,中间镶有宝石,作
为装饰与象征。

腰带

布制纺织腰带,余量系结垂于
腰部。

靴

突厥人常穿尖头长筒靴,也称
乔鲁克。

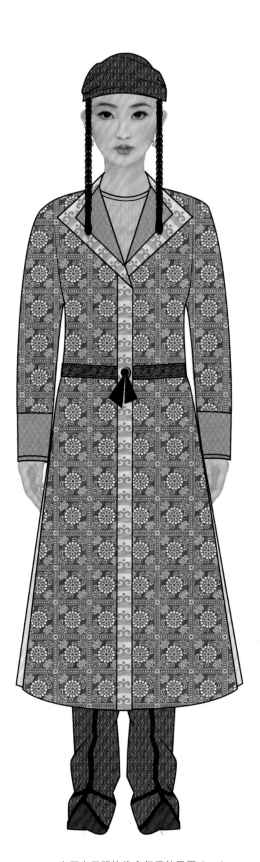

帽子

突厥女性流行戴帽,有不同材
质的帽饰。其中毡帽有尖顶、
圆顶的区分。

袍

现依据粟特女款服饰推断复
原突厥女性服饰的款式。公
元 4 世纪以后突厥与粟特人
联系最为紧密,在美秀、安伽、
虞弘三处墓葬中所出现的突
厥人形象,所穿着的服饰的翻
领特点明显。

◎ **图8-19** 突厥女子服饰推定复原效果图(二)

参考文献

［1］耿世民.新疆历史与文化概论［M］.北京.中央民族大学出版社，2006.

［2］刘迎胜.丝绸之路［M］.南京.江苏人民出版社，2014.

［3］耿世民.古代突厥文献选读［D］.北京.中央民族学院少数民族语文系，1977.

［4］林幹.突厥史［M］.呼和浩特：内蒙古人民出版社，1988.

［5］内蒙古自治区蒙古语言文学历史研究所历史研究室等.中国古代北方各族简史［M］.呼和浩特：
内蒙古人民出版社，1977.

［6］令孤德棻.周书·突厥传［M］.北京.中华书局，1971.

［7］白寿彝.中国通史［M］.上海.上海人民出版社，2007.

［8］张鹏林.浅析突厥的墓上祭祀及突厥石人的有关问题［A］.时代报告，2012.

［9］包铭新.中国北方古代少数民族服饰研究［M］.上海.东华大学出版社，2013.

［10］高敬编.古韵新疆［M］.北京：五洲传播出版社，2014.

［11］魏坚.正镶白旗三面井与英图、镶黄旗乌兰沟与乌力乌素元代墓地［J］.中国考古学年鉴，2001.

［12］荣新江.中古中国与粟特文明［M］.上海：生活·读书·新知三联书店，2014.

［13］国家文物局.中国重要考古发现［M］.北京.文物出版社，2001.

［14］陈凌.突厥汗国与欧亚文化交流的考古学研究［M］.上海.上海古籍出版社，2013.

［15］［俄］耶申科.中国早期壁画中的早期突厥人形象与蒙古国新发现墓葬中的陶俑［J］.杨瑾，梁敏
译，河西学院学报.2017，33（01）：18-26.

CHAPTER **9**
粟 特 服 饰

　　伊朗高原东北部地区，阿姆河与锡尔河之间的泽拉夫尚河流域被称为粟特地区。公元前 6 世纪时，粟特地区是波斯阿契美尼德王朝的一个行省，后又称臣于希腊的亚历山大帝国。公元前 4 世纪亚历山大帝王率希腊联军东征波斯，打开了粟特通往罗马的贸易之门，从此，从拜占庭到中国都能见到粟特人的身影。随后，粟特又臣服于塞流古王朝、贵霜帝国等。约公元前 230 年至前 177 年间，康居在粟特地区建立政权，设立撒马尔罕为都城，后来又分裂成诸小国，即在汉文史籍中记载的昭武诸国：康、安、曹、石、米、何、火寻、戊地、史皆属于粟特。公元 4 世纪下半叶，嚈哒人入侵粟特地区，中亚地区被嚈哒所统治。嚈哒对粟特的占领，仅仅只是对其进行财富上的索取，粟特的政治制度和经济发展依旧保持独立。从撒马尔罕阿弗拉西阿卜遗址和品治肯特遗址的一系列考古发现可以看出，本土的粟特艺术风格仍然为主导，粟特地区的社会生活与文化艺术依旧保持独立。

○ **图9-1**　品治肯特遗址壁画（图片来自 Boris Ilich Marshak *legend，tales，and fables in the art of sogdiana*）

　　公元 6 世纪中期，波斯联合突厥打败了嚈哒，粟特地区自此归属于突厥。突厥如同嚈哒一样同属于游牧民族，民族流动性强且人口少，所以间接方式的统治依旧是粟特地区的主流。因粟特人"善商贾"的特点，粟特地区即使在嚈哒和突厥统治期间，也依然能够保持不断发展。

　　600—633 年间，突厥分裂成为东、西突厥，突厥的势力开始衰退。到公元 7 世纪中叶，唐击败西突厥，将粟特地区纳入至唐朝版图，并在这一地区设立都督府进行管辖。从此粟特地区通往长安的道路更加畅通，民族间的文化交流也进一步增强。

　　公元 6—8 世纪粟特地区的经济达到顶峰时期，伴随经济的发展，物质也得到极大的发展，其物质丰富性亦可以从服饰上面反映出来。由于随后阿拉伯人入侵中亚地区，粟特人从此伊斯兰化，粟特地区自身的文化艺术从此消失于历史。由此，探讨粟特地区的服饰艺术主要是通过 20 世纪在中亚地区发现的三处遗址进行的，分别源于撒马尔罕的品治肯特遗址、阿甫拉西阿卜遗址以及乌兹别克斯坦布哈拉的瓦拉赫沙遗址所留下的精美壁画。

　　品治肯特遗址，位于今塔吉克斯坦境内，距撒马尔罕 60 公里，为西域米国的都城。该城建于公元 5 世纪，繁荣于公元 7 至 8 世纪，722 年，随阿拉伯人入侵而衰落，公元 8 世纪被彻底摧毁。1933 年，在穆格山城堡废墟上发现了品治肯特领主的文书，引起了苏联学者的重视。1946 年，在苏联考古学家雅库博夫斯基和别列尼茨基的主持下，对遗址进行了挖掘，品治肯特由此成为中亚考古学上最引人注目的发现，对粟特的历史、政治、经济和文化艺术的研究具有重要意义。城址由四部分组成，即城堡、城区、农庄和墓地。在城堡的宫庭和庙宇的墙面上，以及富人住宅和普通富裕市民家的墙面上都绘有大量的壁画（图 9-1），灰泥雕塑和木雕等艺术也有所遗存。壁画气派宏伟，最长的有 15 米，题材以宗教仪式、神话故事传说、贵族和武士宴饮场面以及妖魔和神怪等为主，部分壁画带有题记。

◎ 图9-2 《贵族祭酒盛宴场景一》（7 世纪，塔玛拉拍摄，收藏于圣彼得堡冬宫博物馆）

9.1　粟特服饰的整体风貌

　　关于粟特人的服饰，当年玄奘路过窣利时记录称："……服毡褐，衣皮氎，裳服褊急，齐发露顶，或总剪剃，缯彩络额……"唐朝时新罗僧人慧超在其《往五天竺国传》中记载："此等胡国，并剪鬓发。爱著白氎帽子。"胡国即指粟特城邦各国。另由品治肯特遗址、阿弗拉西阿卜遗址等遗址壁画推定，粟特人剪短发或盘发藏于帽饰物中，头戴冠或尖顶白毡帽子，身穿圆领紧身长袍，分为开襟与未开襟两种，袍长至小腿中或脚踝，腰系带，带子分为皮革或织物两类，带子上坠有袋囊、短刀以及长剑，脚穿靴。服饰上的颜色主要有蜡红、黄、青、白、蜡绿（或称灰绿）等。服饰图案主要有几何纹、植物纹、动物纹等。

9.2　粟特男子服饰的复原

9.2.1　粟特贵族男子服饰推定复原（一）

　　该人物形象来源于品治肯特遗址北墙壁画《贵族祭酒盛宴场景一》（图9-2），显现出粟特艺术家对曲线的娴熟应用与掌控。《隋书》记："其王索发，冠七宝金花。"索发是用绳将头发束起，戴上有宝石和金花点缀的王冠。壁画中的男子头戴金色花蔓冠，盘发并将头发藏于冠中，蓄有浓密的胡须。身穿圆领紧身长袍，长袖且在袖口处收紧，袖口、领口、肩部及下摆缘饰，长度过膝盖，脚穿靴。在饰品上，颈部戴有项链，腰间系有腰带，腰带上配有短刀和长剑，手持类似手杖的物品。

　　对该壁画中的男子形象进行复原得出其服饰的推定图（图9-3）：头戴金色花蔓冠，颈部戴项链。身穿圆领紧身长袍，袖口、领口、肩部及下摆处用联珠猪头纹锦装饰。猪头纹样是西亚和中亚的产物，据研究，野猪是伟力特拉格那神的化身。伟力特拉格那是阿维斯陀语，它的文字意义是"打击抵抗"，其本意也就是"胜利"，或者说是"胜利的赋予者"。在乌兹别克斯坦阿弗拉西阿卜壁画中的猪头织物纹样（图9-4）和新疆吐鲁番阿斯塔那出土的联珠猪头纹锦（图9-5）中推定出此粟特男子的袍服装饰纹样。腰间系腰带，腰带上配有短刀和长剑，脚穿靴。

◎ **图9-3** 粟特贵族男子服饰推定复原效果图（一）

◎ **图9-4** 乌兹别克斯坦阿弗拉西阿卜壁画中的猪头织物纹样

◎ **图9-5** 新疆吐鲁番阿斯塔那出土的联珠猪头纹锦

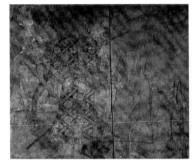 

◎ **图9-6** 品治肯特遗址壁画人物（左）　◎ **图9-7** 新疆吐鲁番地区出土的翼马纹锦

9.2.2　粟特贵族男子服饰推定复原（二）

　　该人物形象来源于品治肯特遗址壁画（图9-6），画中男子身着圆领对襟长袍，长袍上的图案清晰可见，袖口、领口、门襟、腰部两侧至下摆缘饰。系腰带，腰带很讲究，有各种珠宝装饰。佩短刀长剑，穿软靴，是与常服相配的一种通用款式。

　　对该壁画中的男子形象进行复原得出其服饰的推定图，长袍面料为褐底浅色织锦纹，纹样由排列整齐的菱形几何纹填充团花纹组成。门襟、下摆及袖口处以联珠翼马纹锦装饰。马在波斯被视为神灵，身上生翅，最初表示天，进而特指日神密特拉，马在中西亚一直备受推崇。这类织锦不仅在阿弗拉西阿卜古城粟特壁画人物身上有见到，也在新疆吐鲁番地区出土了实物织锦（图9-8）。马生双翼，前左腿蹬地弯曲，前右腿笔直站立，整体造型平稳而带有活力。腰间系腰带，佩短刀长剑，脚穿三角鞋头软靴（图9-8）。

◎ **图9-8** 粟特贵族男子服饰推定复原效果图

9.2.3 粟特贵族男子服饰推定复原（三）

该人物形象同样来源于品治肯特遗址英雄史诗壁画（连环画，图9-9）。画中骑兵们穿着长网外套，装备着前臂铠甲和手套、圆锥护鼻、护耳头盔，头巾遮住了整个脸部，内穿防护衣。粟特人主要使用黄铜和铁制武器，有时还用镀金和镀银装饰。此外，还可以在他们身上发现原始的军刀以及尾部被束紧了的弓箭袋。该男子身穿翻领紧身过膝长袍，对襟，窄袖，袖口、衣领及门襟缘饰，腰间系窄腰带。脚穿长筒皮靴。

对该壁画中的男子形象进行复原，得出其服饰的推定图：头戴尖顶帽，身穿翻领过膝长袍，半臂，窄袖口，面料为粟特基本服饰图案纹样。内穿波斯环的铠甲。门襟、领口、下摆处联珠神兽纹装饰（图9-10）。脚穿三角长筒皮靴，系装饰皮腰带（图9-11）。

◎ **图9-9** 英雄史诗壁画（公元6-8世纪，出土于品治肯特的粟特墓室。Retlaw Snellac 拍摄）

◎ **图9-10** 联珠神兽纹（图片出自*Use and Production of Silks in Sogdiana*）

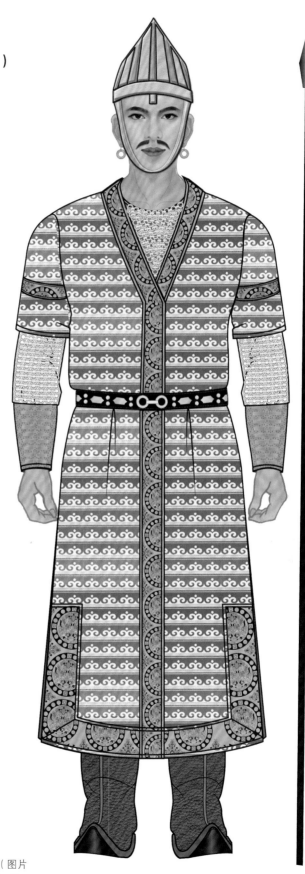

◎ **图9-11** 粟特贵族男子服饰推定复原效果图（三）

◎**图9-12**　《带光环的竖琴师》图片来源于Yatsenko *The late Sogdian costume*（the5th-8thc.AD）

9.3　粟特女子服饰的复原

9.3.1　粟特贵族女子服饰的推定复原（一）

　　品治肯特遗址壁画《带光环的竖琴师》（图9-12）被认为是经典之作。壁画中的竖琴师身上有着长长的冕带（丝绸之路上的很多菩萨像也有长长的冕带），使其形象高贵典雅。竖琴师的气质优雅飘逸，辫发垂于耳前两侧，头戴金色花蔓冠。身穿三角形领紧身长袍，窄短袖，袖口、领口及肩膀处有多种装饰。腹部系结，束带末尾部分自然下垂。

　　对该壁画中的女子形象进行复原，得出其服饰的推定图：头戴冠由新月与火等元素构成；身穿三角形领紧身长袍，窄短袖，面料图案为基础植物纹纹样；领口用珍珠装饰，肩部为联珠对鸟纹；腰间系结，有装饰，束带末尾部分自然下垂，穿平底三角头靴（图9-13）。

◎**图9-13**　粟特贵族女子服饰推定复原效果图（一）

◎ **图9-14** 品治肯特遗址壁画人物（图片来源于Boris Ilich Marshak *legend, tales, and fables in the art of sogdiana*）

9.3.2 粟特贵族女子服饰的推定复原（二）

该壁画来源于品治肯特遗址壁画。画中女子人物形象盘发并有两股辫发垂于耳侧，身穿圆领紧身长袍，对襟，窄长袖。袖口、领口、门襟下摆缘饰且下摆处拼接不同面料的褶皱。腰间系腰带，腰带右侧坠有下为半圆形状上为方口的袋囊。在这幅壁画中可清晰看到粟特地区人民的足衣。男女足衣在款式上均为平底尖头靴，装饰图案稍有不同（图9-14）。

对该女子复原出其形象的推定图：圆领对襟长袍，窄长袖，面料纹样采用基础植物纹；袋囊用对鹿纹装饰，"鹿"取其谐音，象征吉利俸禄，也是传统纹样之一（图9-15）。

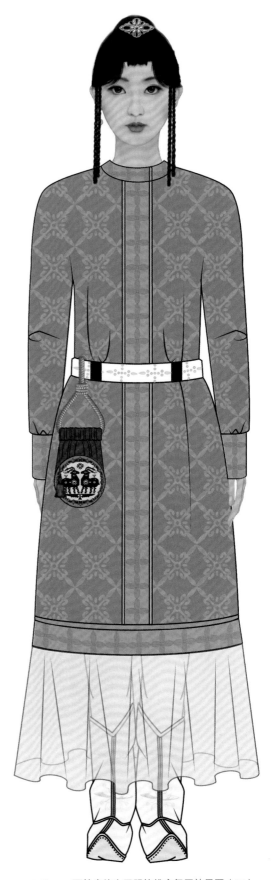

◎ **图9-15** 粟特贵族女子服饰推定复原效果图（二）

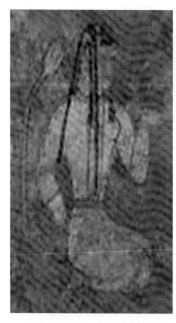

◎ **图9-16**　品治肯特遗址壁画（图片来源于Boris Ilich Marshak legend, tales, and fables in the art of sogdiana）

◎ **图9-17**　联珠对羊纹（图片来源于Nicholas Sims-Williamand Geoffrey Khan Zandaniji Misidentifie）

9.3.3　粟特贵族女子服饰的推定复原（三）

　　粟特少女梳辫。在品治肯特遗址壁画中，少女梳五辫，左右各二，脑后一，这是未婚少女的发式（图9-16）。该女子身穿圆领侧开襟紧身长袍，窄长袖，系腰带，腰带前中心有绳结装饰。画中该女子为跪姿，不得见其足衣。

　　由该女子形象复原出其服饰的推定图：头戴帽，饰帽纱，梳五辫；身穿圆领侧开襟长袍，左右两侧开衩；面料纹样为联珠对羊纹。这种羊的体态似野山羊，但角上有叉，更接近于鹿（图9-17）。此类造型大量见于中亚风格的织物之中。脚穿平底三角头软靴，系腰带（图9-18）。

◎ **图9-18**　粟特贵族女子服饰推定复原效果图（三）

　　本章针对粟特地区三处遗址的壁画信息以及出土文物上的图像资料，梳理了粟特本土地区的衣服形制。男性人物以短发为主，中心人物戴冠。服饰形制主要为三种：圆领紧身长袍、翻领紧身长袍以及交领紧身长袍。女性人物的发式则是以辫发和盘发为主，发束平均垂于两侧。服饰形制主要有圆领紧身长袍、翻领紧身长袍以及三角形领长袍。男女均系有腰带，平底尖头为足衣的最明显特点。配饰中对黄金与珠宝搭配的饰品很是喜爱。在服饰面料图案中的联珠纹图案出现频率较高，不论是作为衣服的主体面料，亦或是衣服的门襟、袖口、领缘沿边，联珠纹均有出现，特别在品治肯特遗址中，该图纹甚至成为壁画边缘的装饰图案，也由此可见粟特人对联珠纹的热爱。

　　粟特地区的服饰形制承前古波斯服饰形制，属北方游牧民族的"窄衣"文化。受琐罗亚斯德宗教影响，服饰上出现的联珠纹图案以及腰系带均受该宗教经典影响而形成，其图案是神的象征。腰带具有护身符的作用，成为服饰文化中的必有物品及典型特征。伴随着丝绸之路的兴起，粟特民族加速了与其他民族间的交融进程，服饰上由单一的圆领和交领长袍，扩展了突厥人的翻领紧身长袍、鲜卑人的幞头、袴褶服、广袖大衫等服饰形制。与此同时，圆领长袍、蹀躞带以及高腰裙等在北魏及隋唐时期广为流传，充分反映了各民族之间友好交融的过程。各个民族之间相互吸取精华，呈现了多民族多姿多彩的交融文化，精彩再现了粟特这一古老民族的生活风貌。

9.4　粟特服饰推定复原效果图（图9-19~图9-26）

冠

由日、月以及抽象的羽翼元素构成。《隋书》记："其王索发。冠七宝金花。"

腰带

皮革为主要材料,饰有各种形制的铜片。

长剑与短刀

粟特贵族尚武,常佩以长剑和短刀。

几何纹样

粟特服饰中的基础图案。

尖头长靴

长及小腿中部,尖头,是与常服相匹配的一种通用款式。

联珠猪头纹锦

猪头纹样是西亚和中亚的产物,野猪是伟力特拉格那神的化身。伟力特拉格那是阿维斯陀语,它的文字意义是"打击抵抗",其本意也就是"胜利",或者说是"胜利的赋予者"。

壁画

品治肯特遗址北墙壁画《贵族祭酒盛宴场景一》。壁画中的男子头戴金色花蔓冠,盘发并将头发藏于冠中,蓄有浓密的胡须。身穿圆领紧身长袍,颈部戴有项链,腰间系有腰带,腰带上配有短刀和长剑,手持类似手杖的物品。

◎ **图9-19**　粟特贵族男子服饰推定复原效果图（一）

尖顶白毡帽

粟特地区最为常见的帽子样式。唐朝时新罗僧人慧超在其《往五天竺国传》中记载:"此等胡国,并剪髭发。爱著白氎帽子。"胡国即指粟特城邦各国。

耳环、手链

粟特贵族多喜爱黄金首饰,耳环、项链、手链、臂环等饰品都由黄金和珠宝组成。

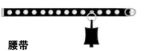

腰带

皮革为主要材料,饰有各种形制的铜片。兼具系袋囊和刀具等物品的功能性。

靴子

粟特地区贵族男子普通穿着以皮革制成的尖头靴。

联珠纹

粟特服饰面料中常见的联珠纹由萨珊波斯而来,这种联珠纹的含义在波斯萨珊王朝寓意为一种星象学层面的神圣之光。后来演变出现了以细小对卷云纹取代原有圆珠的新的联珠纹样式,及至双层联珠团窠和花环团窠完全取代联珠团窠。

袍

圆领对襟长袍,袖子束口。袖口、领口、门襟、下摆缘饰,长度过膝盖。

◎ **图9-20** 粟特贵族男子服饰推定复原效果图（二）

耳环

粟特贵族多喜爱黄金首饰。

壁画

品治肯特遗址壁画成为中亚考古学上最引人注目的发现，对粟特历史、政治、经济和文化艺术的研究具有重要意义。画中男子身着圆领对襟长袍，长袍上的图案清晰可见，袖口、领口、门襟、腰部两侧至下摆缘饰。

几何纹样

褐底浅色织锦纹，纹样由排列整齐的菱形几何纹填充团花纹组成。

尖头长靴

长及小腿中部，尖头是与常服相匹配的一种通用款式。

联珠翼马纹锦

联珠翼马纹锦装饰。马在波斯被视为神灵，身上生翅，最初表示天，进而特指日神密特拉，马在中西亚一直备受推崇，马生双翼，前左腿蹬地弯曲，前右腿笔直站立，整体造型平稳而带有活力。

腰带

皮革为主要材料，饰有各种形制的金属片。

长剑与短刀

粟特贵族尚武，常佩以长剑和短刀。

◎ 图9-21 粟特贵族男子服饰推定复原效果图（三）

冠

粟特地区最为常见的帽子样式
为尖顶冠和花蔓冠,或金属头
饰配发带盘发于耳后。

腰带

皮革为主要材料,饰有各种形
制的金属片,腰带上便于佩带
随身刀具等物品。

短刀

粟特贵族崇尚武力,以短刀为配饰。

联珠对狮纹锦

联珠纹不论在服装主面料还
是作为衣领、袖口的装饰都
颇为常见,源自萨珊波斯的
联珠纹后期由于丝绸之路的
文化交流而逐渐发生一些融
合变化。

尖头长靴

长及小腿中部,尖头,是与常服相
匹配的一种通用款式。

袍

圆领长跑,袖口、领口、下摆
缘饰,腰间系腰带,长度过
膝盖。

◎ **图9-22** 粟特贵族男子服饰推定复原效果图(四)

冠

由新月与火等元素构成,材料为黄金。

耳环、臂环

粟特贵族多喜爱黄金首饰。

腰带

腰带和珍珠饰品,系结自然下垂。

基础纹样

粟特服饰中基础图案纹样。

尖头长靴

长及小腿中部,尖头,结构大体相似,仅有织物图案和细节的区别,是与常服相匹配的一种通用款式。

壁画

品治肯特遗址壁画《带光环的竖琴师》被认为是经典之作。壁画中的竖琴师身上有着长长的冕带,使其形象高贵典雅。竖琴师的气质优雅飘逸,辫发垂于耳前两侧,头戴金色花蔓冠。身穿三角形领紧身长袍,窄短袖,袖口、领口及肩膀处有多种装饰。腹部系结,束带末尾部分自然下垂。

袍

身穿三角形领紧身长袍,窄短袖,袖口、领口及肩膀处有多种装饰。

◎ 图9-23　粟特贵族女子服饰推定复原效果图（一）

耳环、头饰

粟特贵族多喜爱黄金首饰,上面镶嵌珍珠宝石。

壁画

品治肯特遗址壁画中女子人物形象盘发并有两股辫发垂于耳侧,身穿圆领紧身长袍。在这幅壁画中可清晰看到粟特地区男女足衣在款式上均为平底尖头靴,装饰图案稍有不同。

基础纹样

粟特服饰中基础图案纹样。

尖头长靴

长及小腿中部,平底尖头,装饰图案和结构稍有不同。

基础纹样

粟特服饰中基础图案纹样。

香囊

腰带右侧坠有下为半圆形状上为方口的袋囊,为粟特女子常用之物。

袍

圆领紧身长袍,对襟,窄长袖。袖口、领口、门襟下摆缘饰且下摆处拼接不同面料的褶皱。

◎ **图9-24** 粟特贵族女子服饰推定复原效果图（二）

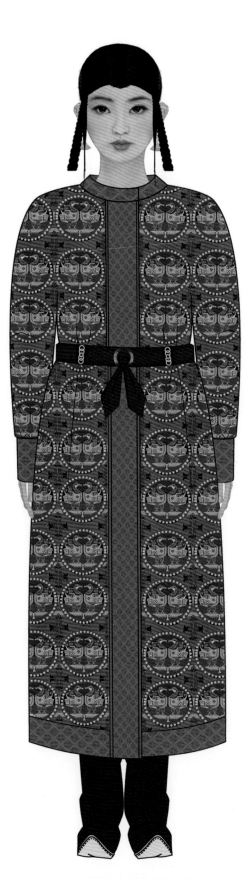

腰带

皮为主要材料,缀有黄金珠宝
饰品,系结自然下垂。

基础纹样

粟特服饰中基础图案纹样。

尖头长靴

长及小腿中部,尖头,是与常服
相匹配的一种通用款式。

联珠对鸟纹锦

鸟是佛教高徒的灵魂之物,是
将死者的灵魂带向西方极乐世
界的传送者。含绶鸟纹锦一般
以团形瓣窠作环,内置立鸟,鸟
站于联珠台上,颈上和翅上都
饰有联珠绶带,鸟嘴也衔有联
珠绶带。同类织锦在都兰出土
的量较大,有时以红、黄、青、绿、
白五色出现,对照敦煌文书中
记载可知,这就是当时所称的
五色鸟锦。

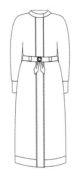

袍

圆领紧身长袍,对襟,窄长袖。
袖口、领口、门襟下摆缘饰。

◎ **图9-25** 粟特贵族女子服饰推定复原效果图（三）

冠

头戴帽,饰帽纱,梳五辫。

腰带

皮为主要材料,系结自然下垂。

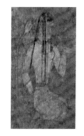

壁画

粟特少女梳辫,在品治肯特的壁画中,少女梳五辫,左右各二,脑后一,这是未婚少女的发式。该女子身穿圆领侧开襟紧身长袍,窄长袖,系腰带,腰带前中心有绳结装饰。画中该女子为跪姿,不得见其足衣。

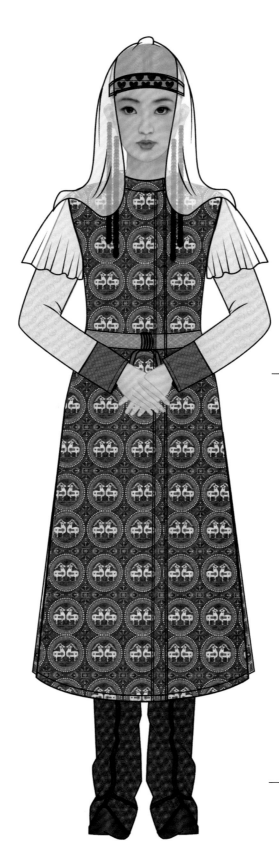

联珠对羊纹锦

联珠对羊纹,这种羊的体态似野山羊,但角上有叉,更接近于鹿。"鹿"取其谐音,象征吉利俸禄,也是传统纹样之一。

尖头长靴

长及小腿中部,平底尖头,装饰图案和结构稍有不同。

◎ 图9-26 粟特贵族女子服饰推定复原效果图(四)

参考文献

［1］（后晋）刘昫.旧唐书［M］.北京：中华书局，1975.

［2］任江.初论西安唐墓出土的粟特人胡俑［J］.考古与文物，2004.（5）.

［3］孙武军.北朝隋唐入华粟特人墓葬图像的文化与审美研究［D］.西安：西北大学博士学位论文，2012.

［4］沈爱凤.从青金石之路到丝绸之路——西亚、中亚与亚欧草原古代艺术溯源（下）［M］.济南：山东美术出版社，2009.

［5］向达.唐代长安与西域文明［M］.上海：上海三联书店，1987.

［6］FionaJ.Kidd, Costume of the Samarkand Region of Sogdiana between 2nd/1stCentury B.C.E and the 4th century B.C.E［J］, New York：Bulletin of the Asian institute，2007（17）.

［7］蓝琪.金桃的故乡：撒马尔罕［M］.北京：商务印书馆，2014.

［8］蔡鸿生，岭南文库编辑委员会，广东中华民族文化促进会合编。蔡鸿生史学文编［M］.广州：广东人民出版社，2014.

［9］（英）彼得·弗兰科潘（PeterFrankopan）.丝绸之路：一部全新的世界史［M］.邵旭东，孙芳，徐文堪，译.杭州：浙江大学出版社，2016.

CHAPTER 10

嚈哒服饰

公元 5 世纪中叶到公元 6 世纪中叶，嚈哒部落统治了中亚地区，但有关嚈哒的起源与国家的形成在学术界多没有跨出假说阶段。由于名称上的不同，对嚈哒这个民族的了解增加了困难。有史料认为他们是车师之别种，出自于吐鲁番；也有史料认为他们是南哈萨克斯坦的"康居之种类"；还有的史料认为他们是大月氏的后裔。

嚈哒人起源于塞北，扩展其势力于妫水之南，定都于拔底延城。公元 4 世纪 70 年代初越阿尔泰山西迁粟特，其国的政治中心在吐火罗斯坦，也就是今天的阿富汗，巴尔赫地区。嚈哒与蠕蠕相结，广泛活动于阿尔泰山脉以西的地方，并将波斯萨珊王朝击败，使波斯王称臣纳贡。全盛时，其领域东至葱岭到天山南路的一部分，西至里海的库尔干河地方。在南北朝时期，于大漠南北与魏争雄，迫使北魏在 516 年遣使到南朝的梁朝通好，以免腹背受敌。嚈哒人无城镇，无文字，实行一妻多夫。6 世纪中叶被突厥汗国击溃，其部众大多加入突厥汗国，构成今天突厥语民族的源头之一。

嚈哒曾自号"匈奴"，西方史学家称之为"白匈奴"。在中古波斯文、拜占庭和印度史料中，我们得知嚈哒内部有"红匈奴"与"白匈奴"两种称呼，这也反映在中亚地区的阿弗拉西阿卜宫廷壁画所表现的嚈哒使团中，有些使者是红脸，有些使者是白脸。不管肤色是红是白，他们都具有印欧人种的特征。

10.1 嚈哒男子使者服饰的复原

项目组依据阿弗拉西阿卜遗址壁画上的嚈哒使者形象（图 10-1），对嚈哒的服饰进行复原推定。从图像可以得知，使者头系络带，留有络腮胡须，耳朵上佩戴圆形饰物。身穿圆领紧身长袍，腰系带，腰带上坠有短刀、长剑以及类似袋囊的物品。手上拿有饰物，脚穿黑色长靴（图 10-2）。服饰上的图案为猪头（图 10-3）、鸟以及联珠塞穆鲁兽纹（图 10-4）。根据国内外该时期出土的纺织织物来分析，推测壁画上的服饰面料为赞丹尼奇斜纹提花织锦。赞丹尼奇为斜纹织物，经线通常分为三股，纬线是非常粗重的丝纬。纺织密实，质地厚重。

◎ **图10-1** 阿弗拉西阿卜
遗址壁画（局部）

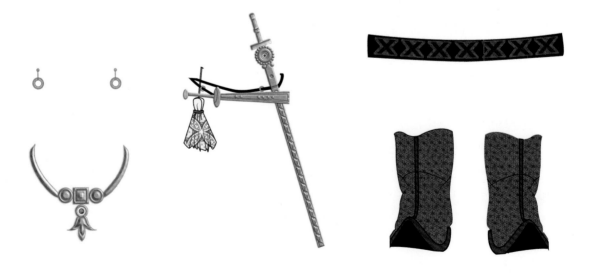

◎ **图10-2** 嚈哒男子配饰复原效果图

◎ 图10-3 联珠猪头纹锦及图案复原

◎ 图10-4 塞穆鲁纹

由阿弗拉西阿卜壁画结合相关史料和研究成果推断嚈哒服饰特征为：身穿圆领紧身长袍，袍长至小腿中部，窄袖口。腰间系带，带上挂有短刀和长剑。服装配饰较多。脚穿尖头长靴。

正如本章开始提到的，嚈哒的史料极少，对其民族的历史发展、社会关系、文化形成方面的研究还不够清晰。项目组在对其服装复原方面的资料搜集整理也非常艰难，很多问题无法确定，主要依据阿弗拉西阿卜遗址壁画中的嚈哒使者形象复原了三幅嚈哒男子服饰形象。当然，项目组选择的壁画中的嚈哒使者身份学术界还存在分歧，也有学者认为这三个使者是粟特人。项目组经过研究发现，嚈哒与粟特、波斯人都信奉琐罗亚斯德教，服饰风格接近，很多图案共用，这一点在高金莲博士 2014 年的论文《公元 7-9 世纪中亚织锦图案研究》中也有体现。最终依据壁画复原绘制出嚈哒男子使者服饰的推定复原图三幅。复原图一服饰图案以红地猪头联珠纹为主（如图 10-5）；复原图二是参照阿弗拉西阿卜南壁的牵马人物（有专家认为南壁左中骑骆驼的两人和牵马人是嚈哒使者），服饰图案以几何纹样为主，装饰联珠对狮纹，头戴面罩（如图 10-6）；复原图三以联珠塞穆鲁纹为主，塞穆鲁纹是中亚比较普遍使用的图案，意为吉祥，意味着照耀人神的光辉。复原图三还配有圆帽和披风（如图 10-7）。

◎ 图10-5 嚈哒男子服饰形象复原图（一）

◎ 图10-6　嚈哒男子服饰形象复原图（二）　　　　　◎ 图10-7　嚈哒男子服饰形象复原图（三）

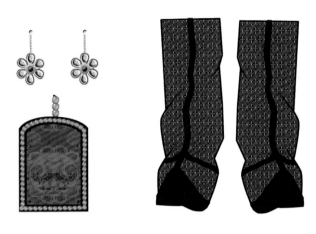

◎ **图10-8** 嚈哒女子服饰复原图

10.2 嚈哒女子服饰的复原

项目组还未发现明确的嚈哒女子服饰原始图像资料。嚈哒虽然曾控制粟特地区，但是却深受粟特文化艺术的影响，所以嚈哒女子服饰形象以粟特女子作为参考。复原的嚈哒女子服饰特点：翻领紧身长袍，袍长至小腿中部，窄袖口。腰系带，腰间坠有袋饰。脚穿尖头长靴（如图 10-8）。推定绘制出嚈哒女子服饰的形象效果图（如图 10-9）。

◎ **图10-9** 嚈哒女子服饰形象复原图

10.3 嚈哒服饰推定复原效果图（图10-10~图10-13）

头饰

依据阿弗拉西阿卜遗址壁画可以得知,使者头系有络带。

项饰

胸前佩戴项饰,常有一对龙型怪兽口衔宝石,取材于北方中亚游牧地。

阿弗拉西阿卜遗址壁画——猪头

外衣的面料选择的是毛毡料,图案参考的是在吐鲁番出土的一块阿文锦的面料图案。

尖头长靴

参考粟物服饰的特征,结合壁画形象推定而来。

腰带

根据阿弗拉西阿卜遗址壁画图案复原与中国传统服饰图案相结合而来。

短刀长剑

成年男子普遍喜欢腰上系佩长剑短刀或砍刀。

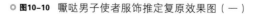

◎ **图10-10** 嚈哒男子使者服饰推定复原效果图（一）

头饰

依据阿弗拉西阿卜遗址壁画可以得知,使者头系有络带。

耳珰

耳珰是戴在耳垂上的饰物,相当于耳坠、耳钉、耳环之类的圆形饰物,具有装饰效果。

腰带

根据阿弗拉西阿卜遗址壁画图案复原与中国传统服饰图案相结合而来。

短刀长剑

成年男子普遍喜欢腰上系佩长剑短刀或砍刀。

尖头长靴

参考粟物服饰的特征,结合壁画形象推定而来。

◎ **图10-11** 嚈哒男子使者服饰推定复原效果图(二)

头饰

依据阿弗拉西阿卜遗址壁画
可以得知,使者头戴小帽。

耳珰

耳珰是戴在耳垂上的饰物,
相当于耳坠、耳钉、耳环之类
的圆形饰物,具有装饰效果。

宝石别针

胸前的宝石别针用于固定披
风,具有一定的装饰性。

尖头长靴

参考粟特服饰的特征,结合
壁画形象推定而来。

腰带

腰带上的图案主要有三角形
并列连接组成,根据阿弗拉
西阿卜遗址壁画图案复原与
中国传统服饰图案相结合
而来。

短刀长剑

成年男子普遍喜欢腰上系佩
长剑短刀或砍刀。

◎ **图10-12** 嚈哒男子使者服饰推定复原效果图（三）

头饰

依据粟特女子发式特点,以辫发的形式,发束平均垂于两侧。

团窠对羊纹锦面料

团窠又作团科,是丝绸图案中常见的一种排列方式,在唐代尤其盛行。而对羊这种纹样形式也是很常见的,在魏晋南北朝时期就已有出现。这种花环团窠与动物纹样的结合很可能就是唐代盛行的陵阳公样的模式。

袋饰

袋饰上饰有团窠对鸟纹图案,腰带具有护身符的作用,成为服饰文化中的必有物品及典型特征。

尖头长靴

参考粟物服饰的特征,结合壁画形象推定而来。

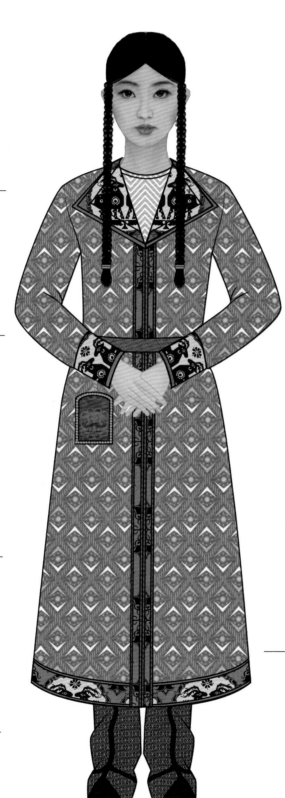

耳饰

吊坠为金色花形图案,中间镶有绿色圆形宝石,具有一定的装饰效果。

服饰款式

依据粟特女子服饰特点:翻领紧身长袍,袍长至小腿中部,窄袖口,给人一种修长的感觉。

◎ **图10-13** 嚈哒女子服饰推定复原效果图

参考文献：

［1］（俄）B.A.李特文斯基主编，中亚文明史（第3卷）文明的交会——公元250年至750年［M］.
　　马小鹤，译.北京：中国对外翻译出版公司,2003.

［2］（英）奥雷尔·斯坦因.亚洲腹地考古图记［M］.巫新华，秦立彦，龚国强，艾力江，译.桂林：
　　广西师范大学出版社.

［3］沈爱凤.从青金石之路到丝绸之路 西亚、中亚与亚欧草原古代艺术溯源（下）［M］.济南：山东美
　　术出版社,2009.

［4］高金莲.公元7-9世纪中亚织锦图案研究［D］上海，东华大学,2014.

CHAPTER 11

萨珊波斯服饰

　　唐时期，丝绸之路沿线所达中亚地区的另一站为萨珊波斯，也就是现在的伊朗高原。

　　萨珊波斯王朝始于公元 224 年，亡于公元 651 年，是公元 3 至 7 世纪波斯（今伊朗）的最后一个王朝，因其创建者阿尔达希尔的祖父萨珊而得名。它取代了被视为西亚、欧洲两大势力之一的安息帝国，世人称之为"波斯第二帝国"，与罗马帝国及后继的拜占庭帝国共存了四百余年，与中国的魏晋、隋和初唐属于同时代。这里主要的民族是波斯人，宗教以琐罗亚斯德教（即祆教）为国教，与其共存的宗教还有犹太教、基督教和佛教，在大部分时期里人民都可以自由进行宗教活动。

11.1　萨珊波斯服饰的整体风貌

从阿尔达希尔一世建立萨珊王朝到阿拉伯帝国入侵，萨珊波斯共经历了二十二位统领者。其中库思老一世（531—579）在位时，是萨珊的全盛时代，疆域西抵幼发拉底河，南临波斯湾，北达高加索、亚美尼亚和阿姆河流域，东至帕米尔高原，并拥有贵霜–萨珊、陀拔里斯坦、图兰等附属国。库思老二世（619）时期，萨珊征服了整个埃及，至此，波斯版图达到极点，势力达到了空前绝后的顶峰，此时面积约为413万平方公里。651年，萨珊国王伊嗣俟在中亚木鹿城被阿拉伯大食军队刺杀身亡，至此萨珊王朝灭亡。据《册府元龟》记载，伊嗣俟之子俾路斯的后世子孙皆与唐朝来往密切，在唐玄宗开元、天宝年间仍不断有"波斯王"遣使来朝，这里指的"波斯王"应当也是其子嗣。从贞观二十一年至大历六年，波斯派往中国的使节近三十次。可见，波斯帝国的余脉在中亚地区仍萦绕不散。

从萨珊王朝的考古材料证明来看，这一时期的文化在许多方面都达到了古代艺术的最高成就。创造这一文化的民族不仅有波斯人，而且还有历史上的西亚和中亚各族人民。他们通过绵延漫长的丝绸之路，将萨珊的艺术精华逐渐渗透到沿途的各个国家，同时对这些国家的艺术形式与风格也产生了深远影响。可惜的是，有关萨珊时期的史料多为断简残篇，就全球而言是波斯艺术四阶段中最为缺憾的一个时期，因此关于萨珊考古所得资料零碎而稀少，关于服饰的图像资料更是鲜少见到。本章我们探讨萨珊波斯服饰主要也是通过萨珊波斯遗留下来的大量银器、钱币、浮雕、岩刻及同时期受到萨珊文化影响的石窟、壁画中呈现的图像资料而获得。由于研究条件所限，本篇萨珊服饰的研究主要以男装为主。

唐朝最著名的唐三彩造型和装饰纹样中的胡人形象及胡人牵马俑、牵驼俑、载乐俑等都带有浓郁的异国情调。其中波斯商人形象题材很多，他们头戴毡帽，身穿右开襟的翻领长袍或圆领窄袖衫，有的下着长裤，足登高筒尖头靴。萨珊本族人的服饰主要有袍服和裤装两种。沈从文先生亦指出："唐韦端苻著《李卫公顾物记》称：曾见有赠予李靖破高昌所得小袖织成锦袍，作鸟兽骆驼等纹样。《南史》已有'蕃客锦袍'记载。贞观敦煌壁画《维摩诘经变》下部听经图中绘西北各族君长有三五人著团窠锦衣。"所谓"蕃客锦袍"往往所指的就是一种波斯装。一般来说，袍服是萨珊人的正装，通常在典礼和朝会时会穿着，而裤装则是平时穿着较多，一些存有萨珊帝王的图像遗存中也有宽松裤子的出现。还有一种绑腿的穿法和较窄的裤装穿法，常见于骑马时的穿着。从着装习惯可看出，萨珊普通百姓主要穿着裤装，贵族与皇室依据不同场合而选择穿着袍服或裤装，并且会加上华丽的装饰。因此腰带作为萨珊服饰配饰中的一部分，有着重要的装饰作用。

然而，在萨珊服饰艺术中最引人注目的要数萨珊丝织品。阿拉伯文和汉文文献都曾记载波斯锦的美仑美奂，称为世上稀有。又如隋朝大业年间（605—617），"波斯尝献金绵锦袍，组织殊丽"，这都说明了波斯锦的华丽繁复。波斯锦主要有两个特点：一是织造技术上采用斜纹组织和纬线起花；二是其花纹图案独具风格，一般认为最为典型的是联珠动物纹。在本章复原绘制图中，我们就可以看到穿着各式绘有联珠纹样织锦的萨珊人物形象。

11.2　萨珊波斯国王、王后服饰的复原

唐初期时，正值库思老二世任萨珊国王，他是萨珊王朝中一位早期政绩十分突出的君王，被称为"得

胜王"，是波斯第二十二代君王，在位时间是590—628年。他的形象在中国境内发现的硬币中多有出现（图11-1）。

Dr. Farrokh Kaveh 博士耗费十七年时间完成了 *Sassanian Elite Cavalry AD 224-642* 一书，由 Angus McBride 绘画的萨珊国王、王后人物形象（图11-2），成为宝贵的图像资料，为我们研究这一时期的萨珊服饰奠定了基础。

从画像可看出在中间的两位人物分别为萨珊国王、王后。国王头戴星月双翅锯齿形金冠，双翅代表波斯战争和胜利之神韦勒斯拉格纳，这一点从萨珊硬币也可看出。国王金黄色卷发齐肩，上着圆领锦袍。由于经常打仗，为了方便上下马鞍，下摆开衩是萨珊男士比较常见的服饰形制，通常是中开衩或是侧开衩，而这位国王的下摆是在中部有开衩。在腰间束有金制革带，并坠有八条镶着金片的皮带，显得十分华贵，而国王手持的宝剑也是全金制成，体现了其至高无上的统治权力。下着宽肥裤子束于靴筒内，比较有特色的是，国王的靴子上系有蝴蝶结并在靴筒上绣有萨珊典型的塞姆鲁纹样（图11-3）。坐于国王右侧的王后服饰相对比较简单，头戴缠头帽，右侧有飘带。脖上配有十字架金制项饰。身穿浅蓝色锦袍，袍侧缺袴，脚穿低帮浅鞋，相对于国王形象比较简单。

◎ **图11-1** 萨珊库思老二世头像硬币（采自大唐西市博物馆）

根据画像中的人物形象，对国王、王后的整体服饰也进行了基本复原。面料选择的是都兰县热水乡血渭吐蕃古墓出土的一块红地织锦，上绘有萨珊波斯所使用的婆罗体文字。这块织锦名为"对格利芬织锦"，是目前世界上发现的唯一一块被确认的8世纪波斯文字锦（图11-4）现存陕西省西安大唐西市博物馆[①]。王后服饰面料选用的是萨珊式的单联珠马纹，以凸显图案特色（图11-5）。最终绘制出萨珊波斯国王、王后服饰的复原效果图（图11-6）。

◎ **图11-2** 萨珊国王、王后人物形象（采自 *Sassanian Elite Cavalry AD 224-642* 一书）

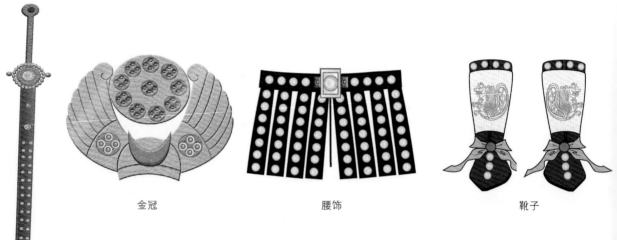

宝剑　　金冠　　腰饰　　靴子

◎ **图11-3** 萨珊波斯配饰推定复原效果图

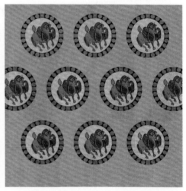

◎ **图11-4** 萨珊波斯国王服饰织锦面料推定复原效果图

图11-5 萨珊波斯王后服饰织锦面料推定复原效果图

◎ **图11-6** 萨珊波斯国王、王后服饰推定复原效果图

◎ **图11-7** 各族王子听法图中的波斯王子（采自谭蝉雪《解读敦煌·中世纪服饰》）

◎ **图11-8** 萨珊式联珠马纹

11.3 萨珊波斯王子服饰的复原

敦煌莫高窟第220窟东壁门南侧有一幅绘有各族王子听法的壁画，画中各国王子和使臣身着丰富多彩的官服和贵族礼服。其中左起第一位似是波斯王子，他头戴花锦浑脱帽，两耳垂珥珰，身着竖领花边锦袍，外披毡袍（图11-7）。

根据壁画中残缺人物服饰的形象及前人对其简要的描述，笔者推测这一时期波斯服饰的面料依旧为织锦，图案为联珠纹。由于壁画中的服饰图案已漫漶不清，面料图案主要参考的是萨珊式联珠马纹（图11-8）。可惜现今萨珊出产的联珠马纹已无实物可查，又因唐王朝受到萨珊波斯王朝纹饰的影响颇深，所以，根据新疆吐鲁番阿斯塔那古墓群、甘肃敦煌莫高窟藏经洞以及青海、陕西大量出土的唐代联珠纹为参考，对其锦袍及大氅面料进行了复原（图11-9）。最终绘制出萨珊波斯王子服饰的复原效果图（图11-10）。

◎ **图11-9** 萨珊波斯王子服饰面料推定复原效果图

◎ **图11-10** 萨珊波斯王子服饰推定复原效果图

◎ **图11-11** 萨珊波斯供养人（采自
《中国新疆壁画艺术·第六卷柏
孜克里克石窟》）

◎ **图11-12** 塞姆鲁兽织锦（采自英国
维多利亚及阿尔伯特博物馆网站
hhtp//www.vam.ac.uk/ ）

◎ **图11-13** 联珠对狮纹（采自《中国丝绸艺术史》）

11.4 萨珊波斯贵族服饰的复原

在新疆高昌石窟有很多域外人物形象，其衣冠服饰与高昌回鹘服饰
有诸多共性。柏孜克里克第 32 窟壁画"供养礼佛图"，中心佛像右侧画
有两位萨珊波斯的贵族供养人形象（图 11-11）。其中靠左边人物双手
合十，虔诚跪拜呈礼佛状。该人物面相黑瘦，胡须浓密，身后及两侧披
散着多根发辫，头上戴一顶白氎折巾帽，身穿圆领窄袖紧身袍，两袖上
臂间、胸前与袖口皆镶有浅色的饰物，腰下系护套。另一位供养人双手
托金盘站立，面孔方圆，肤色白皙，浓眉髯髭，多条辫发垂于前额与双
肩，头戴羽毛形高冠，身穿右衽圆领窄袖袍并披有云肩，腰下与两胯系
护套，束饰有若干短带饰的联珠纹革带。两人物在锦袍下均着长裤，脚
穿高筒靴。从衣冠服饰上看可推测两位为萨珊波斯贵族。

◎ **图11-14** 塞姆鲁联珠纹推定复原效果图

人物服饰除面料图案以外，其他服饰形制基本按壁画原图复原。
图中人物面料选用的是萨珊织锦，织锦图案参照的是英国维多利亚
及阿尔伯特博物馆团窠联珠塞姆鲁纹锦（图 11-12），裤子及边饰图
案选用的也是波斯纹样。图 11-11 中的人物由于壁画上看不出纹样
细节，所以根据萨珊波斯的织锦特征选择联珠对狮纹（图 11-13）
作为其服饰的主要面料。鞋子均为高腰皮靴，上绘有花鸟图案。复
原面料如（图 11-14、图 11-15）。

根据壁画中的人物形像绘制出萨珊波斯贵族服饰的复原图（图
11-16）。

◎ **图11-15** 联珠对狮纹推定复原效果图

◎ 图11-16　塞姆鲁联珠纹服饰推定复原效果图

11.5 萨珊波斯士兵服饰的复原

Sassanian Elite Cavalry AD 224-642 一书中所绘的萨珊波斯士兵人物服饰形象为研究萨珊时期的士兵服饰提供了参考依据。我们根据其中的一幅作品对其人物服饰进行了复原绘制。图11-17所示，画面中间的人物为萨珊士兵形象，其头戴圆顶毡帽，帽檐有飘带，上着联珠纹锦袍，两袖有缘饰，颈戴十字架链饰；在锦袍内还穿有铁皮铠甲和护裙，长度及膝。外束金属腰链并挂有宝剑。白色长裤束在靴筒内，靴面绣有动物纹样。身背盾牌更凸显了士兵形象。

复原人物服饰选择联珠花卉纹作为其锦袍的面料图案（图11-18），并根据图像绘制了精致的盾牌、剑、项链、长筒靴（图11-19）。

最终绘制出萨珊波斯士兵服饰的复原效果图（图11-20）。

◎ **图11-17** 萨珊波斯士兵人物形象

◎ **图11-18** 联珠花卉纹锦推定
复原效果图

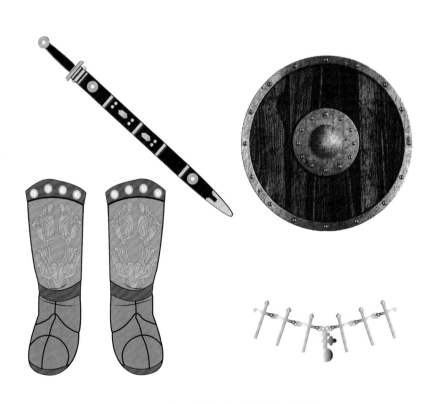

◎ **图11-19** 萨珊波斯士兵配饰推定复原效果图

◎ **图11-20** 萨珊波斯士兵服饰推定复原效果图

◎ 图11-21 萨珊波斯岩刻（采自王乐、赵丰
《公元7-9世纪中亚织锦图案研究》）

◎ 图11-22 对鸭纹织锦（采自于赵丰、齐东
方主编《锦上胡风——丝绸之路纺织品上
的西方影响（4—8世纪）》）

◎ 图11-23 黄地联珠花树卷草纹图案（采自赵
丰《敦煌丝绸与丝绸之路》）

11.6　萨珊波斯划船人服饰的复原

在伊朗西北部的一处萨珊波斯岩刻，上面绘有两划船的人物形象（图11-21），图中人双手上举，似在划桨。在图11-22中国王、王后画像右侧的人物很有可能是萨珊波斯贵族形象，他与岩刻上两位长者的服饰形制基本相同。所以将两人物服饰与岩刻人物特征结合可基本判断萨珊波斯贵族的服饰为：身着锦袍，在胸前有雁鸭纹饰，两两扁嘴相对（图11-22）。腰间束有宽腰带并挂宝剑，腰以下中襟前开衩，与国王服饰相似，在下摆两边分别绘有联珠花树卷草纹图案（图11-23）。

画中人物在锦袍下还着长裤，系于靴筒之内。根据服饰面料特征，绘出雁鸟纹及下摆联珠花卉纹饰（图11-24），并将金制宝剑和宝剑挂带及腰带饰品进行了详细的复原绘制（图11-25）。

◎ 图11-24　对鸭纹织锦

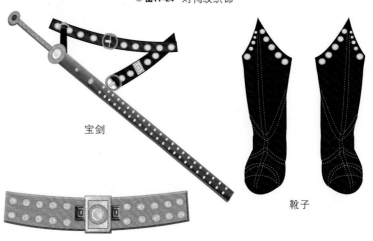

宝剑

靴子

腰带

◎ 图11-25　萨珊波斯划船人配饰推定复原效果图

最终绘制出萨珊波斯划船人服饰
的推定复原效果图（图11-26）。

◎ **图11-26** 萨珊波斯划船人服饰推定复原效果图

11.7　萨珊波斯服饰推定复原效果图（图11-27~图11-33）

星月双翅锯齿形金冠

国王头戴星月双翅锯齿形金冠，双翅代表波斯战争和胜利之神伟力特拉格纳。

金制皮带

腰间束有金制革带，并坠有八条镶着金片的皮带，十分华贵。

对格利芬织锦面料

青海省都兰县热水乡血渭吐蕃古墓出土。这块织锦名为"对格利芬织锦"，上绘有萨珊波斯所使用的婆罗体文字。是目前世界上发现的唯一一块被确认的公元8世纪波斯文字锦。

靴子

国王的靴子比较有特色，上系有蝴蝶结，并在靴筒上绣有萨珊典型的塞姆鲁纹样。

萨珊库思老二世头像硬币

库思老二世任萨珊国王，他是萨珊王朝中一位早期政绩十分突出的君王，被称为"得胜王"，他的形象在中国境内发现的硬币中多有出现。

宝剑

手持的宝剑是由黄金制成，体现了国王至高无上的统治权力。

◎ **图11-27**　萨珊波斯国王服饰推定复原效果图

缠头帽

头戴缠头帽,右侧有飘带。

十字架金制项饰

十字架金制项饰具有装饰效果。

翼马联珠纹面料

面料选用的是萨珊式的单联珠马纹,图案一般都是身生双翼,前两蹄跃起,翅膀下有卷云模样托起,翅膀前侧先作龟背形,中间饰有一条连珠带,再是卷曲的翅膀,突显图案特色。

低帮浅鞋

在 Angus McBride 绘画的萨珊人物形象中,可看出王后脚穿低帮浅鞋。

萨珊国王、王后人物形象

在 Angus McBride 绘画的萨珊人物形象中,可看出在中间的两位人物分别为萨珊国王、王后。

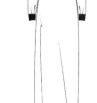

服装款式

浅蓝色锦袍,袍侧缺袴,相对于国王形象来说比较简单。

◎ **图11-28** 萨珊波斯王后服饰推定复原效果图

花锦浑脱帽

花锦浑脱帽的形制根据壁画《各族王子听法图》绘制。

萨珊式波斯联珠马纹

马在波斯视为神明，在中亚地区备受推崇。萨珊式联珠马纹中马的形象平稳中带有活力。

翼马联珠纹面料

根据萨珊式联珠马纹以及新疆吐鲁番阿斯塔那古墓群、甘肃敦煌莫高窟藏经洞，以及青海、陕西出土的联珠纹为参考。

高腰皮靴

靴均为高腰皮靴，上绘有花鸟图案。

莫高窟第220窟各族王子画像

该人物形象参考于《莫高窟220窟各族王子画像》，萨珊波斯王子前排右起第五人，壁画中描绘了各国王子和使臣身着丰富多彩的官服和贵族礼服听法的场景。

◎ **图11-29** 萨珊波斯王子服饰推定复原效果图

帽子

根据柏孜克里克第 32 窟壁画
《供养礼佛图》,可以推测出贵
族帽子色彩亮丽,装饰华丽。

**团窠联珠塞姆
鲁纹锦**

选用的是萨珊织锦,织锦图案
参照的是英国维多利亚及阿
尔伯特博物馆团窠联珠塞姆
鲁纹锦。

腰带

腰下与两胯系护套,束饰有若
干短带饰的联珠纹革带。

高腰皮靴

鞋子均为高腰皮靴,上绘有花
鸟图案。

肩袖

两袖上臂间、胸前与袖口皆镶有
浅色的饰物,具有装饰效果。

塞姆鲁联珠纹面料

塞姆鲁联珠纹绘制图选用的是萨
珊织锦。

柏孜克里克第32窟壁画《供养礼佛图》

根据壁画中衣冠服饰,可以推测出中心佛像
右侧画有两位萨珊波斯的贵族供养人形象。

◎ **图11-30** 萨珊波斯贵族服饰推定复原效果图（一）

白氈折巾帽

头上戴一项白氈折巾帽,身后
及两侧披散着多根发辫。

云肩

用以保护领口和肩部的清洁,
具有装饰效果。

腰带

腰下与两胯系护套,束饰有若
干短带饰的联珠纹革带。

高腰皮靴

靴均为高腰皮靴,上绘有花鸟
图案。

肩袖

两袖上臂间、胸前与袖口皆镶有
浅色的饰物,具有装饰效果。

联珠对狮纹面料

联珠对狮纹绘制图由联珠团窠
纹左右一边组成,中央同样是
对称的雄狮,头蹄相对,团窠纹
四周织有跳跃的雄狮。

联珠对狮纹

壁画上看不出纹样细节,所以
根据萨珊波斯的织锦特征,选
择联珠对狮纹作为其服饰的
主要面料。

◎ **图11-31** 萨珊波斯贵族服饰推定复原效果图（二）

圆顶毡帽

伊斯兰化的圆顶毡帽,帽檐有飘带。

萨珊波斯士兵

Sassanian Elite Cavalry AD224-642 一书中的萨珊波斯士兵人物服饰形象为研究萨珊时期的士兵服饰提供了参考依据。

十字架项链

十字架项链根据图像 *Sassanian Elite Cavalry AD 224-642* 绘制。

长筒靴

靴面绣有动物纹样。

盾牌

盾牌依据 *Sassanian Elite Cavalry AD 224-642* 所绘的萨珊波斯士兵所谓的盾牌绘制。

联珠花卉纹面料

服饰选择联珠花卉纹作为其锦袍的面料图案。

佩剑

根据 *Sassanian Elite Cavalry AD 224-642* 一书中的图像绘制了精致的佩剑。

◎ **图11-32** 萨珊波斯士兵服饰推定复原效果图

黄地联珠花树卷草纹面料纹样

腰以下中襟前开衩，与国王服饰相类，在下摆两边分别绘有黄地联珠花树卷草纹图案。

雁鸭纹面料

锦袍在胸前有雁鸭纹饰，两两扁嘴相对，与鸟的造型也有相似之处。

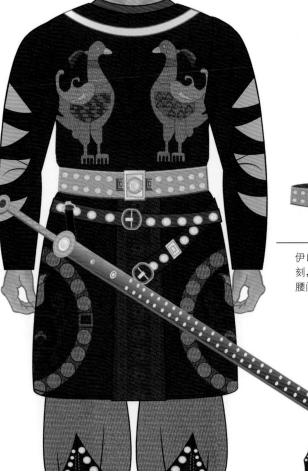

腰带

伊朗西北部一处萨珊波斯岩刻，上边绘有两划船人物与其腰间束有宽腰带。

靴子

伊朗西北部有一处萨珊波斯岩刻，上边绘有两划船的人物形象，锦袍下的长裤系于靴筒之内。

宝剑

根据伊朗西北部一处萨珊波斯岩刻，上边绘有的两划船人物腰间束有宽腰带并挂宝剑。

◎ **图11-33** 萨珊波斯划船人服饰推定复原效果图

参考文献

［1］石云涛. 三至六世纪丝绸之路的变迁［M］. 北京：文化艺术出版社，2007.

［2］沈爱凤. 从青金石之路到丝绸之路——西亚中亚与亚欧草原古代艺术溯源［M］. 济南：山东美术
出版社，2009.

［3］沈从文. 中国古代服饰研究［M］. 香港：香港商务印书馆，1981.

［4］姜伯勤. 敦煌吐鲁番文书与丝绸之路［M］. 北京：文物出版社，1994.

［5］刘一虹，齐前进. 美的世界——伊斯兰世界［M］. 北京：宗教文化出版社，2006.

［6］［俄］B.A 李特文斯基. 中亚文明史 第3卷［M］. 马晓鹤，译. 北京：中国对外翻译出版社，2003.

［7］谭蝉雪. 解读敦煌. 中世纪服饰［M］. 上海：华东师范大学出版社，2016.

［8］周龙勤. 中国新疆壁画艺术·第六卷柏孜克里克石窟［M］. 乌鲁木齐：新疆美术摄影出版社，
2009.

［9］赵丰. 中国丝绸艺术史［M］. 北京：文物出版社，2006.

［10］*Dr. Kaveh Farrokh.Sassanian Elite AD 224-642*［M］Osprey Publishing，2005.

［11］高金莲. 公元7-9世纪中亚织锦图案研究［D］. 上海：东华大学.

［12］赵丰、齐东方. 锦上胡风——丝绸之路纺织品上的西方影响（4-8世纪）［M］. 上海：上海古籍
出版社，2011.

［13］赵丰. 敦煌丝绸与丝绸之路［M］. 北京：中华书局，2009.

CHAPTER 12
阿拉伯地区服饰

　　阿拉伯民族是源于阿拉伯半岛沙漠和半沙漠地带的游牧民族，不论是根据犹太教的《圣经》和伊斯兰教的《古兰经》中的记载，都认为他们和犹太族祖先同属闪米特人或闪族。语言分类中也同属于闪含语系。

　　阿拉伯帝国（632—1258）是西亚阿拉伯人于中世纪创建的一个伊斯兰封建帝国。唐代以来的中国史书，如《经行记》《旧唐书》《新唐书》《宋史》和《辽史》等，均称之为大食国（波斯语 Tazi 或 Taziks 的译音）。帝国存在了 600 多年，主要有"四大哈里发"时期（632—661）和倭马亚王朝（661—750）、阿拔斯王朝（750—1258）两个世袭王朝。帝国最强盛的时候，疆域东起印度河和中国边境，西至大西洋沿岸，北达里海，南接阿拉伯海，是继亚历山大帝国和罗马帝国之后又一个地跨亚欧非三大洲的大帝国。由于其独特的地理位置，阿拉伯帝国的兴起改变了周边许多民族的发展进程，在中世纪的历史上产生了非常重要的影响。

12.1　阿拉伯地区服饰的整体风貌

610 年,穆罕默德创立了伊斯兰教,开始在麦加传播,伊斯兰教随之在阿拉伯半岛兴起。公元 622 年,穆罕默德带着他的亲信从麦加出走至麦地那, 随后开始建立伊斯兰国家政权。公元 7 世纪, 阿拉伯帝国（Arab）在信仰的力量中崛起并发动了大征服运动, 至 632 年穆罕穆德病逝时, 阿拉伯半岛基本统一。由于穆罕默德生前没有指定继承人, 所以由穆斯林公选依次产生了四位"安拉使者的继承人", 即四大哈里发（Khalifa）。阿拉伯帝国形成之后, 作为先知继承者的哈里发们为了巩固自己的统治, 并满足阿拉伯人对商路和土地的要求, 掀起了长达一百多年的扩张运动。

伊斯兰历史上四位正统哈里发的统治结束后, 661 年, 叙利亚总督穆阿维叶即位哈里发, 建立了倭马亚王朝, 成为整个穆斯林世界的主宰, 中国史称这一时期的阿拉伯为"白衣大食"。阿拉伯帝国势力在倭马亚王朝时代达到了另一个高峰。在阿卜杜勒·麦利克和他的儿子统治期间, 伊斯兰帝国的疆域达到顶点, 东至印度河和中国边界, 西达今天的西班牙, 超过了古代其他任何帝国的版图, 领土达到 1339 万平方公里, 是人类历史上领土东西跨度最长的帝国之一, 仅次于蒙古帝国。

从公元 8 世纪 20 年代开始, 阿拉伯帝国统治集团的内讧不断, 矛盾激化。750 年, 穆罕穆德的叔父阿拔斯的后裔阿布·阿拔斯利用奴隶出身的波斯籍穆斯林阿布·穆斯林在呼罗珊的力量, 联合什叶派, 推翻倭马亚王朝, 建立阿拔斯王朝。阿拔斯王朝旗帜多为黑色, 故中国史书称该王朝为"黑衣大食"。阿拔斯王朝是阿拉伯帝国的鼎盛时期, 延续了五百多年。第二任哈里发曼苏尔是这个强大王朝的真正奠基者, 在他执政期间, 在底格里斯河畔创建了天赐之城巴格达, 因而名垂史册。到了第五任哈里发哈伦·拉西德和麦蒙执政时期, 巴格达得到了进一步扩建, 帝国经济文化发展到顶峰, 疆域横跨欧亚非三大洲, 是世界上屈指可数的大帝国, 堪称阿拉伯帝国的极盛时代。

公元 9 世纪中期以后, 随着突厥人力量壮大, 阿拔斯王朝逐渐分裂衰落。10 世纪中期, 突厥的一支塞尔柱人建立了强大的塞尔柱帝国, 不久便征服了阿拉伯统治下的波斯。1055 年, 他们又攻入巴格达, 阿拉伯帝王哈里发被杀, 阿拉伯帝国就此而灭亡。

12.2　阿拉伯地区服饰的复原

阿拉伯的服饰大多为宽松肥大样式, 头上缠有包头巾, 多以长袍为主。服饰纹样种类繁多, 按其题材来源大致可分为三个类型：几何纹、植物纹、文字纹。三者既有内在联系, 且又各具特色。由于伊斯兰教正统派严禁偶像崇拜, 反对把具象化的人物、动物等生命体作为礼拜的对象来描绘, 因此, 以几何图形为基础的抽象化曲线纹样, 就成了伊斯兰装饰艺术的突出特征, 尤其发扬了西洋棕叶卷草纹的曲线风格。

12.2.1　阿拉伯地区商旅服饰的复原

盛唐时期的莫高窟第 45 窟南壁有一幅绘有西域商旅的壁画。图 12-1 画面描述的是来自西域的六位商人, 他们深目高鼻, 大胡须, 形似阿拉伯人。均着红色、绿色、白色圆领大褶衣, 腰间束黑革带, 脚穿乌皮靴。但根据一些资料对当时倭马亚王朝人们的穿着描述可知,男人们穿灯笼裤和尖头鞋,戴着头巾,外穿宽大上衣。

根据壁画内容和相关文字描述,对阿拉伯商人服饰形象进行了复原,由于壁画中商人的服饰特征并不明显,所以只能是对其进行推测。阿拉伯纹样的种类繁多,其装饰艺术在世界艺术史上享有盛誉。植物花卉艺术以及几何图案艺术成为阿拉伯伊斯兰装饰艺术中最为突出的门类,它们构成了伊斯兰装饰艺术最为主要的元素(图12-2)。

本套服饰就是借鉴阿拉伯卷草纹样并绘制于商旅服饰之中,制作选用红底织锦面料并在边缘处用金丝线绣成卷草纹图案(图12-3),凸显阿拉伯纹样特色。对整套服饰中比较有特色的包头巾和尖头鞋,根据零散的文字描述也做了复原(图12-4,图12-5)最终复原出阿拉伯商人服饰形象(图12-6)。

◎ **图12-1** 盛唐时期的莫高窟第45窟南壁的壁画

◎ **图12-3** 卷草纹图案推定复原效果图

◎ **图12-2** 伊斯兰装饰艺术元素

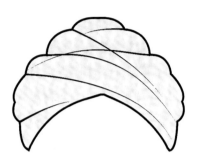

◎ **图12-4** 包头巾推定复原效果图

◎ **图12-5** 尖头鞋推定复原效果图

◎ **图12-6** 阿拉伯商人服饰推定复原效果图

◎ **图12-7** Angus McBride绘画的士兵形象

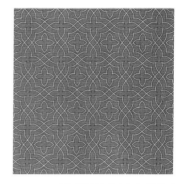

◎ **图12-8** 几何纹面料推定复原效果图

12.2.2 阿拉伯地区士兵服饰的复原

在 David Nicolle PhD 编 著 的 *Armies Of The Muslim Conquest* 一书中可以看到由 Angus McBride 绘画的士兵形象，这幅图也是参照公元 6 至 8 世纪埃及人浮雕上的文字描述及公元 7 世纪倭马亚时期钱币上的人物形象绘画出的，为我们研究丝路线上的古阿拉伯服饰提供了很有价值的参考。画中第一位骑马男子身穿具有阿拉伯时代特色的白色袍，腰束带，在袍内还穿有铠甲，在头盔外层戴有白色毡帽并用黄头巾在帽檐缠绕一圈。士兵身上背有矛、盾牌。下身穿着灯笼裤，脚穿低帮鞋（图 12-7 ）。

由于参考画像比较清晰，对士兵形象的整体复原也比较准确。士兵的裤子面料选择的就是一块蓝色的几何纹面料（图 12-8 ），包括身上的武器、配饰也做了复原（图 12-9、图 12-10）。最终绘制了阿拉伯士兵服饰复原图（图 12-11）。

◎ **图12-9** 矛盾推定复原效果图

◎ **图12-10** 低帮鞋推定复原效果图

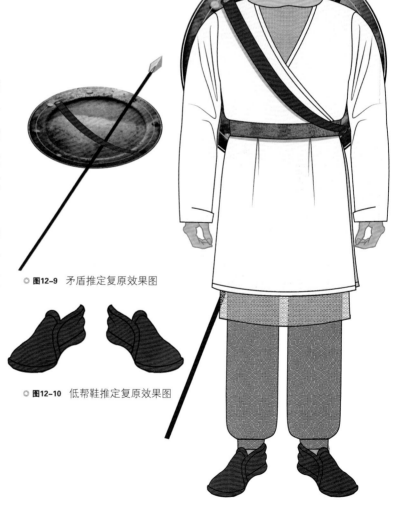

◎ **12-11** 阿拉伯士兵服饰推定复原效果图

12.2.3　阿拉伯地区倭马亚男子服饰的复原

在 *Armies Of The Muslim Conquest* 一书中我们还可以看到左数第一位是倭马亚王朝步兵的形象（图 12-12）。步兵穿着的服饰除了锁子甲之外，其他均与百姓常服无异。在他头部的锁子甲外缠有伊斯兰式的包头巾，身穿宽肥的开襟长袍，腰部缠有宽大的腰带，将袖子截为喇叭式袖口，在肩上还外搭有一块几何纹样的披肩，脚穿着的依旧是低帮浅鞋。整体服饰具有浓郁的阿拉伯服饰特色，为阿拉伯普通百姓的服饰复原提供了参考依据。

由于本系列复原图像男子服饰居多，所以将图像中锁子甲替换为织锦内衣穿在宽大的袍服内，面料参考的是图片中人物的服饰面料，以小碎花、几何纹样为主（图 12-13、图 12-14）。最终绘制出阿拉伯地区倭马亚男子服饰复原图（图 12-15）。

◎ 图12-12　阿拉伯地区倭马亚士兵服饰

◎ 图12-13　外袍面料推定复原效果图

◎ 图12-14　外袍披肩面料推定复原效果图

◎ 图12-15　阿拉伯地区倭马亚男子服饰推定复原效果图

12.2.4　阿拉伯地区倭马亚女子服饰的复原

　　在 *Armies Of The Muslim Conquest* 一书中一幅约8世纪的绘画中出现了一位阿拉伯女子形象（图12-16），这幅画参考的是约旦 Qusayr Amra 遗址中约740年的倭马亚壁画中的阿拉伯女子形象。图中这名女子显然拥有显赫的家庭背景，她头上包着上好的毛料头巾将所有的头发包裹起来，这也是先知最初建议的那种做法。肩头披着 khimar 式丝绸围巾，身穿一身红色的织锦长袍，脚穿平底浅鞋。这一形象与之后的阿拔斯王朝后宫女子服饰相类似，均着长袍，搭有披肩或丝绸长巾，不一样的是后者的帽饰与前者截然不同，并没有将头发裹起来，而是露出长长的辫发。可以看出，不同时期的阿拉伯女子服饰形制几乎是相同的。

　　对于阿拉伯女子服饰的复原主要参考的还是倭马亚壁画中的女子形象，对其面料选择的是绘有几何纹样的织锦面料（图12-17、图12-18）。几何纹中的圆形和方形是构成所有几何纹的基础形式。在几何纹的背后，大多蕴含着某种玄奥的神秘哲学或宗教观念。因此在信仰伊斯兰教的阿拉伯人的服饰纹样中经常可以看到几何纹的出现。最终复原绘制出的阿拉伯女子服饰效果图如图12-19所示。

◎ **图12-17**　锦袍面料推定复原效果图

◎ **图12-16**　倭马亚女子

◎ **图12-18**　披肩面料推定复原效果图

◎ **图12-19**　阿拉伯女子服饰推定复原效果图

12.2.5 阿拉伯地区阿拔斯王朝哈里发（曼苏尔）服饰的复原

曼苏尔是阿拔斯王朝的奠基者，通过当时留下来的一幅油画画像我们可以直观地看到阿拔斯时期哈里发的服饰特征。从画像来看，曼苏尔体型比较壮实，深目高鼻，两腮长满胡须，是典型的阿拉伯人形象。他头戴条纹毛毡帽，黑色卷发齐项，肩披豹纹毛披，肩上有蝴蝶结装饰，内穿一件阿拉伯式的白色宽袍，外套一件红色的半臂长裙，很有特色，腰间系有绸带，并挂有宝剑，在胸前还有宝石装饰。画像下部不明，根据阿拉伯人的穿衣习惯，推测其很有可能在裙内穿有灯笼裤，脚蹬长靴。整体形象气势雄厚，极具王者派头（图12-20）。

对曼苏尔服饰复原的面料选择仍是织锦面料，外裙的面料图案为红底十字花纹样，披肩选用的是豹纹毛皮材质（图12-21、图12-22）。由于阿拉伯人是游牧民族，所以配的靴子选用的是毛毡尖头靴（图12-23）。最终绘出服饰复原效果图（图12-24）。

◎ **图12-20** 曼苏尔画像

◎ **图12-21** 外裙面料推定复原效果图

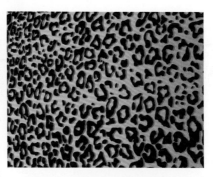

◎ **图12-22** 披肩面料推定复原效果图

◎ **图12-23** 毛毡靴推定复原效果图

◎ **图12-24** 阿拉伯曼苏尔服饰推定复原效果图

◎ **图12-25** 哈里发形象

12.2.6　阿拉伯地区穆塔瓦基勒哈里发服饰的复原

　　参考 *Armies Of The Muslim Conquest* 一书中描绘的公元 9 世纪中叶阿拔斯王朝穆塔瓦基勒哈里发形象（图 12-25）我们可以看到这一时期哈里发的帽饰已经发生了变化，由软质毡帽变为了硬性尖顶头盔，帽檐缠有一圈穆斯林丝绸质的包头巾。身上穿的是红色长袍和黑色窄袖毛衬里外套，在红色长袍外束有装饰华丽的腰带并配有剑。肩上披着红色丝绸披风，脚穿毛毡靴。在阿拔斯王朝的宫廷中哈里发会携带一支 qadib 式权杖，如果在宫廷外，他会携带一把刀，图中就是一把单刃的马刀。

　　复原图长袍面料选择的是红色织锦（图 12-26），外衣的面料选择的是毛毡料，图案参考的是在吐鲁番出土的一块阿文锦的面料图案（图 12-27）。哈里发的配饰也做了精细的复原（图 12-28、图 12-29）。最终绘制出服饰复原图（图 12-30）。

◎ **图12-26**　内袍面料推定复原效果图

◎ **图12-27**　外衣阿文面料推定复原效果图

◎ **图12-28**　硬性尖顶头盔帽

◎ **图12-29**　腰饰推定复原效果图

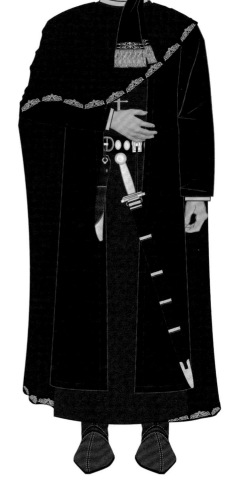

◎ **图12-30**　哈里发服饰推定复原效果图

12.3　阿拉伯地区服饰推定复原效果图（图12-31~图12-36）

西域商旅的壁画

盛唐时期的莫高窟第45窟南壁有一
幅绘有西域商旅的壁画。画面描述
的是来自西域的六名商人，他们深目
高鼻，大胡须，形似阿拉伯人。均着
红色、绿色、白色圆领大褶衣，腰间束
黑革带，脚穿乌皮靴。

包头巾

有珠宝装饰的包头巾。包头巾也是
沙漠坏境产物，起帽子的作用，夏
季遮阳防晒。

卷草纹图案

中国传统图案之一。多取忍冬、荷
花、兰花、牡丹等花草，经处理后作
S形波状曲线排列，构成二方连续
图案，花草造型多曲卷圆润，通称
卷草纹。

尖头鞋

盛唐时期的莫高窟第45窟南壁的
壁画中阿拉伯人穿尖头鞋。

伊斯兰装饰艺术

阿拉伯纹样种类繁多，其装饰
艺术在世界艺术史上享有盛
誉。植物花卉艺术以及几何图
案艺术成为阿拉伯伊斯兰装
饰艺术中最为突出的门类，它
们构成了伊斯兰装饰艺术最
为主要的元素。

阿拉伯商旅服饰

本套阿拉伯商旅服饰借鉴阿
拉伯卷草纹样，制作选用红底
织锦面料，并在边缘处用金丝
线绣成卷草纹图案，凸显阿拉
伯纹样特色。

◎ **图12-31**　阿拉伯商人服饰推定复原效果图

阿拉伯士兵形象

这幅图也是参照公元6至8世纪埃及人浮雕上的文字描述及公元7世纪倭马亚时期钱币上的人物形象绘画出的。画中第一位骑马男子身穿具有阿拉伯时代特色的白色袍,腰束带,在袍内还穿有铠甲,在头盔外层戴有白色毡帽,并用黄头巾在帽檐缠绕一圈。

盾

盾,古人称"干",与戈同为古代战争用具,故有"干戈相见"等词,后来还称作"牌""彭排"等。

矛

在冷兵器时代,矛是东西方普通士兵的常见武器,可以刺穿盔甲,杀伤范围大,机动性强。

低帮鞋

阿拉伯士兵所穿的低帮鞋就是鞋帮较低,大概在脚踝处。低帮鞋可以使运动时更灵活。

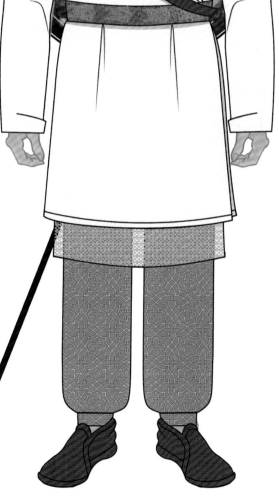

白色袍

阿拉伯袍多为白色,衣袖宽大,做工简单,无尊卑等级之分。它既是平民百姓的便装,也是达官贵人的礼服,衣料质地随季节和主人经济条件而定。

◎ **图12-32** 阿拉伯士兵服饰推定复原效果图

倭马亚男子服饰

在 *Armies Of The Muslim Co-nquest* 一书中我们还可以看到从左数第一位是倭马亚王朝步兵的形象。步兵穿着的服饰除了锁子甲之外，其他均与百姓常服无异。在他头部的锁子甲外缠有阿拉伯的包头巾，身穿宽肥的开襟长袍，腰部缠有宽大的腰带，将袖子截为喇叭式袖口，在肩上还外搭有一块几何纹样的披肩。整体服饰具有浓郁的阿拉伯服饰特色。

外袍面料

画像上倭马亚男子身穿宽肥的开襟长袍，腰部缠有粗粗的腰带，将袖子截为喇叭式袖口。外袍面料以小碎花与几何纹样为主。

低帮浅鞋

低帮鞋鞋帮较低，大概在脚踝处。低帮鞋活动更灵活，材质多为棉、毛。

包头巾

倭马亚男子头部的锁子甲外缠有阿拉伯的包头巾。

披肩面料

从画像上分析，倭马亚男子肩上还外搭有一块几何纹样的披肩。

◎ 图12-33　阿拉伯倭马亚男子服饰推定复原效果图

阿拉拍母子

该人物复原形象参考 Osprey 出版公司的《Armies Of the Mushim Conquest》中描绘的公元 8 世纪的一位阿拉伯女子形象。

毛料头巾

阿拉伯女子头上包着上好的毛料头巾，将所有的头发包裹起来。

丝绸围巾

根据资料，阿拉伯女子肩头披着 khimar 式丝绸围巾。

锦袍面料

锦袍与披肩部分都参考了几何纹中的圆形和方形进行复原。

平底浅鞋

根据公元 8 世纪的绘画，阿拉伯女子脚穿平底浅鞋。

披肩面料

披肩部分面料印有几何纹样。几何纹中的圆形和方形是构成所有几何纹的基础形式。在几何纹的背后，大多蕴含着某种玄奥的神秘哲学或宗教观念。

阿拉伯女子服饰

阿拉伯女子身穿一身红色的织锦长袍，搭有披肩或丝绸长巾。不同时期的阿拉伯女子服饰形制几乎是相同的。

◎ **图12-34** 阿拉伯女子服饰推定复原效果图

阿拔斯王朝曼苏尔服饰

参 考 *Armies Of The Muslim Conquest* 一书中描绘的 9 世纪中叶阿拔斯王朝穆塔瓦基勒曼苏尔形象。

豹纹毛皮

根据画像，曼苏尔肩披豹纹毛披，肩上有蝴蝶结装饰。

剑

曼苏尔人物形象在腰间系有绸带，并挂有宝剑。宝剑是阿拉伯人佩物之一，是阿拉伯各部落长期养成的装饰习惯，其式样繁多，各有千秋。

毛毡尖头靴

唐代时期的阿拉伯是游牧民族，受生活习惯和相关资料推断，选用了毛毡面料的尖头高腰靴子。毛毡主要是由羊毛、骆驼毛和牦牛毛等经过湿、热、挤压等物理作用形成的片状无纺面料。

窄袖毛衬里外套

曼苏尔人物形象在腰间系有绸带。

◎ **图12-37** 阿拉伯曼苏尔服饰推定复原效果图

穆塔瓦基勒
哈里发服饰

哈里发服饰参考于 *Armies Of The Muslim Conquest* 一 书中描绘的 9 世纪中叶阿拔斯王朝穆塔瓦基勒哈里发形象。

尖顶头盔

这一时期哈里发的帽饰已经发生了变化,由软质毡帽变为了硬性尖顶头盔,帽檐缠有一圈穆斯林丝绸质的包头巾。

阿文锦面料

外衣面料选择的是毛毡料,图案参考的是在吐鲁番出土的一块阿文锦的面料图案。

毛毡靴

唐代时期的阿拉伯是游牧民族,受生活习惯和相关资料推断,选用了毛毡面料的尖头高腰靴子。毛毡主要是由羊毛、骆驼毛和牦牛毛等经过湿、热、挤压等物理作用形成的片状无纺面料。

窄袖毛衬里外套

哈里发身上穿的是红色长袍和黑色的窄袖毛衬里外套,在红色长袍外束有装饰华丽的腰带并配有剑。

丝绸披风

哈里发肩上披着用上好的红色丝绸锦缎制成的披风。披风在阿拉伯人看来是节日盛装,男人在大袍外加件披风,显得神采奕奕,有男子汉气概。

◎ **图12-36** 阿拉伯哈里发服饰推定复原效果图

参考文献

［1］谭蝉雪. 觖读敦煌. 中世纪服饰［M］. 上海. 华东师范大学出版社，2010.

［2］刘一虹，齐前进. 伊斯兰艺术百问［M］. 北京. 今日中国出版社，1996.

［3］程全盛. 阿拉伯图案艺术［M］. 宁夏. 宁夏人民出版社，2004.

［4］林言椒. 中外文明同时空［M］. 上海. 上海文艺出版总社，2008.

［5］传奇翰墨编委会. 丝绸之路——神秘古国［M］. 北京. 北京理工大学出版社，2011.

［6］赵丰. 中国丝绸艺术史［M］. 北京：文物出版社，2005.

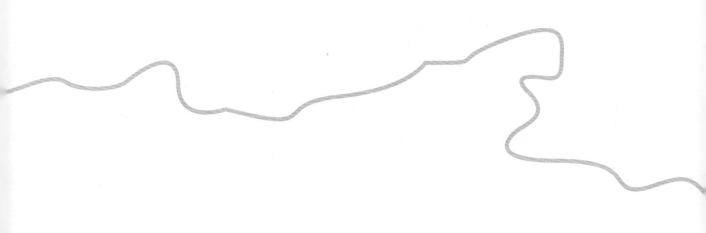

CHAPTER 拜占庭服饰 13

　　395 年，原罗马帝国由于衰败，无力支撑庞大帝国的领土统一，皇帝提奥多西死后，罗马帝国分裂成东罗马与西罗马两部分。西罗马帝国日渐衰落，终于在 476 年因奴隶起义和来自北方日耳曼人的入侵而灭亡；东罗马帝国，也就是拜占庭帝国，则在整个中世纪发挥着举足轻重的作用，一直延续至 1453 年。东罗马帝国包括巴尔干半岛、小亚细亚、叙利亚、巴勒斯坦、埃及、美索不达米亚西部及爱琴海和东地中海的岛屿等地。在如今博斯普鲁斯海峡的西岸是土耳其的伊斯坦布尔，它的前身就是中世纪长达一千多年的拜占庭帝国（东罗马帝国）的首都君士坦丁堡。君士坦丁堡之前叫拜占庭，君士坦丁堡是以拜占庭帝国皇帝君士坦丁堡一世的名字命名的，当时也叫新罗马。一时兴盛的君士坦丁堡是地中海地区最繁华的一座城市，当地人非常骄傲地称君士坦丁堡为安都舍，意思是盛开的鲜花，我国唐朝时称君士坦丁堡为安都。拜占庭帝国是后来西方学者为了方便自己研究而使用的称呼。

　　拜占庭帝国一共经历了十二个朝代、九十多位皇帝。1204 年，拜占庭帝国的首都君士坦丁堡被第四次十字军东征攻陷，直达 1261 年才收复，但是帝国灭亡的命运还是不能避免，1453 年 5 月 29 日，奥斯曼帝国苏丹默罕默德二世军队的铁蹄攻入君士坦丁堡，经历一千多年的拜占庭帝国正式灭亡。

13.1　拜占庭服饰的整体风貌

拜占庭人一直骄傲地自称为罗马人，保留着罗马帝国的服饰和制度。所以也可以说，拜占庭帝国是罗马历史的一种延续，是罗马的一个新的发展阶段。由于君士坦丁堡坐落于东方，与传统的希腊爱琴海文化圈分离。它与波斯、阿拉伯乃至中国都有着密切的联系，因此拜占庭文化艺术中充满着东西方风格的混合元素。拜占庭文化是希腊、罗马的古典理念、东方的神秘主义和新兴基督教文化这三种完全异质的文化的混合物，作为丝绸之路的终点，在东西方经济和文化的交流中起着重要的作用。尤其是拜占庭发达的染织业，是以华美著称的拜占庭文化的重要组成部分。其中拜占庭的丝织物对于欧洲文明进程具有里程碑的意义。公元6世纪中叶以前，中东一带已经通过丝绸之路与远东地区的中国进行着频繁的交流，进口大量的丝绸。需要提及的是，公元4世纪以来，从中国进口的生丝要进入拜占庭，必须要经过波斯，但随着拜占庭帝国和波斯帝国之间的冲突日益加剧，生丝供应受到严重影响，于是拜占庭帝国决定引进养蚕技术。552年，拜占庭皇帝查士丁尼一世派遣熟悉东方情形的基督教僧侣二人远赴中国，将当时中国对外保密而禁运的蚕卵藏在竹杖中偷运回君士坦丁堡，从而使生丝的生产在拜占庭兴起。到了公元6世纪末，养蚕业已经进一步渗透和普及到整个拜占庭帝国。

当时繁华的君士坦丁堡港口商船密集，各种族人民居住在一起，美丽的玻璃制品、精致的金属制品以及呢绒刺绣远销海外，丝绸、香料、象牙、地毯等很多奢侈品从波斯、中国、东南亚、印度等地进口。君士坦丁堡曾以丝织品、玻璃制品、武器等产品著称，被誉为"奢侈品的大作坊"。拜占庭帝国信奉基督教，532年，查士丁尼一世下令重新建造了当时最大的基督教教堂圣索菲亚大教堂。教堂里

◎ **图13-1**　圣索菲亚大教堂（出自 http://www.artddu.com/jianzhu/show-1-1.html）

面金碧辉煌，墙上镶满了当时有名的玻璃镶嵌画和绝妙无比的壁画，是人类艺术和文化的宝库。但是当奥斯曼帝国苏丹默罕默德二世的军队铁蹄攻入君士坦丁堡后把它改成了清真寺，在四周修建了四个尖塔建筑，导致现在的圣索菲亚大教堂成为一座同时带有基督教和伊斯兰风格的建筑（图13-1）。拜占庭初期服装基本是沿袭罗马帝国样式，主要服饰有达尔玛提卡（Dalmatica）、帕鲁达门托姆（Paludamentum）、丘尼卡（Tunica）、帕留姆（Pallium）、佩奴拉（Paenula）、贝尔（Veil）等形制，但随着基督教文化的传播和地理上的纬度要比罗马高，气候比罗马寒冷，所以服装逐渐倾向保守化。在与东方的经济和文化的交流中，服饰也充满东方色彩，渐渐地失去了罗马时代流动的自然悬垂的衣褶之美，在造型上变得僵硬和呆板，而色彩却变得绚丽多彩，采用流苏、滚边以及各种宝石来装饰服装。达尔玛提卡是一种没有性别区分的领口挖洞贯头式常服，从肩部到下摆装饰着名叫克拉比的两条红紫色条饰，克拉比初期带有宗教意义，后来仅作为装饰（图13-2）。达尔玛提卡到了后期，为了方便生活，袖子显著变窄。面料一般采用毛、麻、棉织物。帕鲁达门托姆是拜占庭最有代表的外衣，它是沿袭罗马时代的一种大斗篷，面料为毛织物，后期皇帝和高级官员面料改用丝织物，色彩一般为紫色、红色和白色。具有身份的人为了表示自己的权贵地位，就在帕鲁达门托姆的中上部缝制了一块四边形装饰，叫做"塔布里昂"。丘尼卡是一种贯头式窄袖束腰服装，下摆两边有开衩，两肩处有徽章样式的纹样叫做"赛葛门太"（Segmentae），它通常是圆形或方形的动植物纹样。

◎ 图13-2　达尔玛提卡（出自BYZANTINE FASHIONS.P9.）

13.2　拜占庭服饰的复原

在意大利拉韦纳的圣维塔列教堂内壁玻璃镶嵌画中，有这样两幅画作，其中一幅是描绘查士丁尼和他的大臣们在一起的画作中，左边是贝利萨留，他是拜占庭帝国的著名统帅，再左边是五个手里拿着矛、盾等武器的机警而勇敢的年轻侍卫。右边是大主教马克西米尔，再右边是两个助祭者，一个手里拿着精心装饰的《圣经》，一个提着教会中使用的油灯（图13-3）。

这幅画中，查士丁尼头戴镶嵌着珠玉的帽子，身穿象征皇权的紫色丝质帕鲁达门托姆，右肩上有一个很大的宝石别针用于固定帕鲁达门托姆，胸前的塔布里昂绣着红绿相接的十字和对鸟连珠纹，里面穿着白色丘尼卡，丘尼卡的肩部的徽章样式和下摆的纹样就是赛葛门太。里面穿着的紫色紧身裤子叫霍兹（Hose）。贝利萨留身穿白色帕鲁达门托姆和白色丘尼卡，丘尼卡肩部的赛葛门太与查士丁尼肩部的赛葛门太相比有一定区别。大主教马克西米尔身穿白色的达尔玛提卡，外面套着金色和红色的披肩，手里捧着一个象征基督教的小十字架，衣服上还画着一个十字图案。

在另一幅皇后狄奥多拉和女官、侍女在一起的镶嵌画中，右边第一人是大将贝利萨留的妻子安东尼娜。狄奥多拉皇后穿着镶满黄金的白色上衣，外套紫色长斗篷上布满了各种题材的图案，狄奥多拉平生最喜欢各种珠宝，这从她身上的配饰就可以看出来。狄奥多拉皇后最亲密的朋友大将贝利萨留的妻子安东尼娜穿着紫红色上衣，外面罩以宽大的以红、白、绿三种颜色的绒线刺绣而成的围裹式服装，显示出不同的花纹图案（图13-4）。

◎ **图13-3**　《查士丁尼及其随从》（出自意大利圣维塔列教堂内壁玻璃镶嵌画）

◎ 图13-4 《狄奥多拉及其随从》（出自意大利圣维塔列教堂内壁玻璃镶嵌画）

早期的拜占庭织物主要用亚麻作原料，饰以羊绒线，后来渐渐有了毛织物和棉织物，还有来自遥远东方国家的丝绸面料。由于丝绸之路的开通，才使精美的丝绸面料展现在拜占庭人面前。首次看到丝绸面料的拜占庭人眼前一亮，如获至宝。丝绸服装成为当时王公大臣的最爱。因为帝国内丝绸业兴起，一个新的国家部门专门为此而成立，以保障丝绸的生产、贸易和质量。并规定在生产过程的任何步骤上进行丝绸价格投机，获得超过法律许可的范围以及出售紫色丝绸给皇帝委派的经纪人以外的人都是非法的。有记载，"拜占庭丝绸属帝国贵重商品之列，与黄金等价，其生产和销售都由郡长严格控制。"拜占庭面料图案通常具有一定的宗教色彩，有十字架形状、动物纹样、植物纹样和一些简单的几何纹样，如两只对峙的动物，中间由一颗圣树分开的纹样也居多（图13-5、图13-6）。还有由于大量生丝从中国进口，途径萨珊波斯并且在萨珊进行加工处理，然后运往西方，这也是拜占庭丝织品的图案和波斯萨珊王朝时期的图案极为相似的一个原因。甚至有的时候拜占庭丝织品和波斯萨珊丝织物是很难区分的，所以各种波斯风韵的动植物联珠纹在

◎ 图13-5 康斯坦丁大帝（君士坦丁堡的圣索菲亚大教堂一幅镶嵌画）

◎ 图13-6 对鸟纹织物

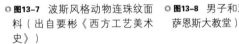

◎**图13-7**　波斯风格动物连珠纹面料（出自要彬《西方工艺美术史》）　　◎**图13-8**　男子和双狮打斗织物（出自萨恩斯大教堂）　　◎**图13-9**　宗教题材织物（出自罗马一教堂）

拜占庭出现和盛行也属正常（图 13-7）。除了这种纹样外，还有骑马狩猎、武士打斗图案（图 13-8）。提花织机的发明，可以让人织造一些令人难以想象的复杂图案，由此产生了大量复杂人物、植物、静物等图案花型在一起的织物，这些织物多是在皇家织造所织造的（图 13-9）。中国丝绸织物上有时候也会出现类似上面的图案，这也说明了当时中国和拜占庭来往密切。考古学家们认为，这些不同的图案，大都起源于美索不达米亚，后来，相继为埃及人、叙利亚人和君士坦丁堡人所模仿和复制。由此不难看出，拜占庭在东西方服装文化交流中有着重要作用，东方的丝绸在拜占庭的再造下融入西方文化，从而又影响了东方的服饰等各种文化。

13.2.1　查士丁尼服饰的复原

查士丁尼是早期拜占庭帝国的皇帝，他是从古罗马帝国向中世纪拜占庭帝国演变的历史过程中起着承前启后的作用。他在位期间曾多次发动对外战争，征服北非汪达尔王国、意大利东哥特王国，他下令纂成《查士丁尼法典》等四部法典，使之成为罗马法的重要典籍，对后世法律影响很大。为表示权贵，他在胸前缝了一块四边形的装饰布，这块类似我国清代"补子"的拜占庭帝国特有的装饰物叫做"塔布里昂"（Tablion）（图 3-13）。图 3-10~ 图 3-12、图 3-14 是根据文字叙述和现存玻璃镶嵌画绘制的查士丁尼服饰复原图（图 13-14）。

◎ **图13-10** 查士丁尼皇冠推定复原效果图　◎ **图13-11** 宝石别针推定复原效果图　◎ **图13-12** 查士丁尼塔布里昂推定复原效果图

◎ **图13-13** 查士丁尼服饰（出自圣维塔列教堂内壁玻璃镶画《查士丁尼及其随从》局部）

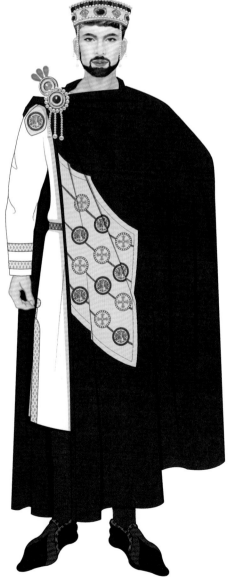

◎ **图13-14** 查士丁尼服饰推定复原效果图

13.2.2　狄奥多拉皇后服饰的复原

狄奥多拉据说是君士坦丁堡马戏团的训熊师和他的演员妻子的女儿。在演员被看不起的时代，她曾步其母亲的后尘，登台演出。这位年轻的妇女情绪热烈，曾脱去衣服，在舞台上展现自己的身体，由此而出名，而且还聪明伶俐，非常招人喜爱。作为查士丁尼的皇后狄奥多拉，在政治上给予查士丁尼极大的帮助，在帝国的外交、政治和宗教等事务上获得一席之地，在治理帝国的战乱中也起到了举足轻重的作用。狄奥多拉头戴黄金、绒布、珠宝做成的凤冠和假发，耳戴珍珠做的长长耳环（图 13-15），同样也穿着镶满黄金和珠宝的白色丘尼卡，外面披着和查士丁尼同款式的深紫色斗篷，肩上披着用金线刺绣并镶嵌着宝石和珍珠配的璎珞状肩饰，这种肩饰起源于波斯（图 13-16）。脚穿红色软皮子做的绣花鞋（图 13-17）。整套装束都是珠光宝气，极其奢华（图 13-18）。图 13-19 是根据文字叙述和现存玻璃镶嵌画绘制的复原图。

◎ **图13-15**　狄奥多拉头饰推定复原效果图

◎ **图13-16**　宝石和珍珠璎珞状肩饰推定
复原效果图

◎ **图13-17**　鞋子推定复原效果图

◎ **图13-18**　狄奥多拉服饰（出自圣维塔列教堂内
壁的玻璃镶画《狄奥多拉及其随从》局部）

◎ **图13-19**　狄奥多拉服饰推定复原效果图

13.2.3　马克西米尔大主教服饰的复原

　　马克西米尔大主教身穿暗红织有金色纹样的面料做的披肩，内搭一个宽松的达尔玛提卡，上面有两条很窄的深红色克拉比，带有一定的宗教意义。他手里捧着一个象征基督教的小十字架，衣服外面披着的佩奴拉上还带着一个十字图案（图13-20）。根据描述猜测当时的马克西米尔身穿服饰面料情况，（图13-21），并依据真实出土面料复原其面料（图13-22）。下面是根据文字叙述和现存玻璃镶嵌画绘制的复原图（图13-23）。

◎ **图13-21**　男人驾四骏马拉车图案织物（出自巴黎克吕尼博物馆）

◎ **图13-22**　马克西米尔服饰面料推定复原效果图

◎ **图13-20**　马克西米尔服饰圣维塔列教堂内壁的玻璃镶画（出自《查士丁尼及其随从》局部）

◎ **图13-23**　马克西米尔服饰推定复原效果图

◎ 图13-26 西奈山壁画

◎ 图13-27 白色几何纹样推定复原效果图

13.2.4 将军贝利萨留服饰的复原

贝利萨留（图13-24）出生于巴尔干半岛达尔马提亚的一个色雷斯农家，年轻时期担任查士丁尼的亲随侍卫，奉命率领帝国军队攻击多瑙河对岸的日耳曼人和保加尔人，在军事指挥中展露头角。大约25岁时被提升为东方波斯（今伊朗高原一带）战争的军事统帅。贝利萨留和查士丁尼同样身穿窄袖白色丘尼卡，丘尼卡右肩处有长方形织有几何纹样的赛葛门太（图13-25），根据西奈山圣凯瑟琳神庙壁画（图13-26）人物身穿类似几何纹样的服装和玻璃镶嵌画的其他颜色的明度对比上推断，他外面穿的帕鲁达门托姆和中间的塔布里昂应该是白色几何纹样和暗红色的几何纹样（图13-27、图13-28）。文献记载证明，几何纹样在当时是非常常见的。根据文字叙述和现存玻璃镶嵌画绘制了贝利萨留服饰复原图（图13-29）。

◎ 图13-24 贝利萨留（出自圣维塔列教堂内壁玻璃镶嵌画《查士丁尼及其随从》局部）

◎ 图13-28 红色几何纹样推定复原效果图

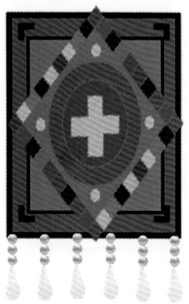

◎ 图13-25 赛葛门太推定复原效果图

◎ 图13-29 贝利萨留服饰推定复原效果图

13.2.5 安东尼娜服饰图像复原

安东尼娜是贝利萨留将军的妻子，也是狄奥多拉最好的朋友（图13-30）。安东尼娜里面穿着紫红色上衣，上衣外面罩以宽大的以红、白、绿三种颜色的绒线刺绣而成的围裹式服装，显示出不同的花纹图案（图13-31）。根据文字叙述和现存玻璃镶嵌画绘制了安东尼娜服饰复原图（图13-32）。

◎ **图13-30** 安东尼娜服饰（出自圣维塔列教堂内壁的玻璃镶画《狄奥多拉及其随从》局部）

◎ **图13-31** 安东尼娜服饰纹样推定复原效果图

◎ **图13-32** 安东尼娜服饰推定复原效果图

13.2.6　女官服饰的复原

　　女官的服饰和贝利萨留的服饰差不多，内穿紧袖的白色丘尼卡，外穿白色几何纹样的帕鲁达门托姆，丘尼卡的肩部和下摆处也有几何纹样的赛葛门太（图13-33）。根据文字叙述和现存玻璃镶嵌画绘制了女官服饰复原图（图13-34）。

◎ **图13-33**　女官服饰（出自局部圣维塔列教堂内壁玻璃镶嵌画《狄奥多拉及其随从》）

◎ **图13-34**　拜占庭女官服饰推定复原效果图

13.2.7　助祭者服饰的复原

　　助祭者的等级比较低，服装的款式也比较简单，他们身穿白色达尔玛提卡，但是带有宗教象征意义的暗红色的克拉比还是很明显的（图13-35）。面料是毛织物。根据文字叙述和现存玻璃镶嵌画绘制了助祭者服饰复原图（图13-36）。

◎ **图13-35**　助祭者服饰（出自圣维塔列教堂内壁玻璃镶画《查士丁尼及其随从》局部）

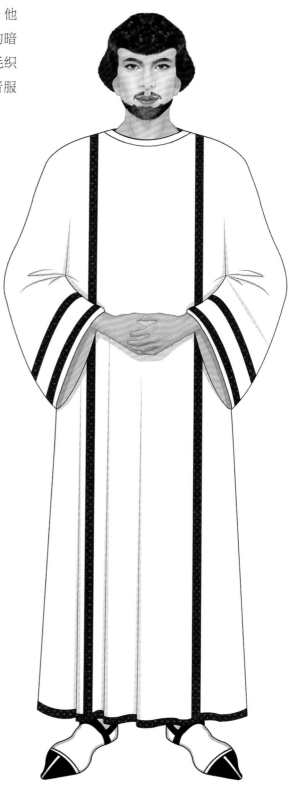

◎ **图13-36**　拜占庭助祭者服饰推定复原效果图

◎ **图13-37** 拜占庭士兵

13.2.8 士兵服饰的复原

　　拜占庭士兵通常身穿暗红色的窄袖丘尼卡，外穿皮革和铁制盔甲，盔甲内穿着柔软的锁子甲包裹身体，战甲的外面披着战袍披风，同时佩戴长矛、盾牌、长剑等武器（图13-37、图13-38）。根据文字叙述、现存壁画和文献绘制了士兵服饰复原图（图13-39）。

◎ **图13-38** 拜占庭士兵（出自
BYZANTINE FASHIONS）

◎ **图13-39** 拜占庭士兵服饰推定复原效果图

12.3 拜占庭服饰推定复原效果图（图13-40~图13-47）

查士丁尼皇冠

查士丁尼头戴镶嵌着珠玉的黄金皇冠，两耳前后垂挂着珍珠和宝石做的吊坠。

宝石别针

宝石别针是用于固定帕鲁达门托姆的工具，具有一定的装饰性。

塔布里昂

塔布里昂是拜占庭服饰中特有装饰物，位于帕鲁达门托姆中间，绣着红绿相接的十字和对鸟联珠纹。

软皮子鞋

在意大利拉韦纳的圣维塔列教堂内壁玻璃镶嵌画中，查士丁尼脚穿深色软皮子鞋。

帕鲁达门托姆

帕鲁达门托姆是拜占庭最有代表的外衣，它是沿袭罗马时代的一种大斗篷。

赛葛门太

赛葛门太位于丘尼卡的肩部和下摆处，通常是圆形或方形的动植物纹样。

丘尼卡

丘尼卡是一种贯头式穿袖束腰服装，下摆两边有开衩，是拜占庭时期常见的一种服装。

○ **图13-40** 查士丁尼服饰推定复原效果图

刺绣宝石披肩

狄奥多拉肩上披着用金线刺绣并镶嵌着宝石和珍珠配的璎珞状肩饰，这种肩饰起源于波斯。

宝石别针

宝石别针是用于固定帕鲁达门托姆的工具，具有一定的装饰性。

软皮子鞋

在意大利拉韦纳的圣维塔列教堂内壁玻璃镶嵌画中，狄奥多拉脚穿红色软皮子做的尖头绣花鞋。

凤冠

狄奥多拉头戴黄金、绒布、珠宝做成的凤冠和假发，耳戴珍珠制成的长长耳环。

珍珠宝石耳环

在意大利拉韦纳的圣维塔列教堂内壁玻璃镶嵌画中，奥多拉戴有很长的由珍珠和宝石做的耳环。

珍珠项链

据说狄奥多拉极喜爱珍珠制品，喜欢把各种珍珠宝石的饰物佩戴在自己的服装和身体上。

◎ **图13-41** 狄奥多拉服饰推定复原效果图

佩奴拉

佩奴拉原是古罗马时代的庶民为御寒而穿着的无袖长外套，但是到了拜占庭时代却演变成了具有装饰意味的标示性服饰，象征威严权贵。

克拉比面料

克拉比上的暗红色带着十字纹样，具有宗教意义。

黄金宝石十字架

在意大利拉韦纳的圣维塔列教堂内壁玻璃镶嵌画中，马克西米尔手捧着一个象征基督教的小十字架。

披肩面料

马克西米尔身穿暗红织有金色纹样的面料做的披肩。

软皮子鞋

在意大利拉韦纳的圣维塔列教堂内壁玻璃镶嵌画中，马克西米尔脚穿深色和白色拼接的软皮子鞋。

达尔玛提卡

达尔玛提卡是一种没有性别区分的领口挖洞贯头式常服，从肩部到下摆装饰着名叫克拉比的两条红紫色条饰。克拉比初期带有宗教意义，后来仅作装饰。

◎ **图13-42** 马克西米尔服饰推定复原效果图

金属别针

金属别针是用于固定帕鲁达门托姆的工具，具有一定的装饰性。

塔布里昂

塔布里昂是拜占庭服饰中特有装饰物，位于帕鲁达门托姆中间，图案通常具有一定的宗教色彩，有十字架形状、几何纹样等。

软皮子鞋

在意大利拉韦纳的圣维塔列教堂内壁玻璃镶嵌画中，贝利萨留脚穿深色尖头软皮子鞋。

西奈山圣凯瑟琳神庙壁画

这幅壁画上的人物身穿的帕鲁达门托姆的面料图案是带有圆圈和圆点的几何纹样，证明几何纹样在当时是常见的。

赛葛门太

赛葛门太位于丘尼卡的肩部和下摆处，通常是圆形或方形的动植物纹样。

丘尼卡

丘尼卡是一种贯头式穿袖束腰服装，下摆两边有开衩，是拜占庭时期常见的一种服装。

◎ 图13-43 贝利萨留服饰推定复原效果图

刺绣宝石披肩

安东尼娜是将军贝利萨留的妻子，也是狄奥多拉最好的朋友。安东尼娜里面穿着紫红色上衣，上衣外面罩以宽大的以红、白、绿三种颜色的绒线刺绣而成的围裹式服装，显示出不同的花纹图案。

假发

安东尼娜头戴黄金、绒布做成的假发。

软皮子鞋

在意大利拉韦纳的圣维塔列教堂内壁玻璃镶嵌画中，安东尼娜脚穿暗红色软皮子鞋。

珍珠耳环

在意大利拉韦纳的圣维塔列教堂内壁玻璃镶嵌画中。可以看到安东尼娜戴着珍珠和黄金做的耳环。

珍珠项链

在拜占庭时期，宫廷里无论男女都喜欢佩戴长长的珍珠项链。

赛葛门太

安东尼娜里面穿着紫红色上衣，上衣外面罩宽大的以红、白、绿三种颜色的绒线刺绣而成的围裹式服装。右下角有一个类似徽章的东西就是赛葛门太。

◎ **图13-44** 安东尼娜服饰推定复原效果图

金属别针

金属别针是用于固定帕鲁达门托姆的工具，具有一定的装饰性。

赛葛门太

赛葛门太位于丘尼卡的肩部和下摆处，通常是圆形或方形的动植物纹样。

塔布里昂

塔布里昂是拜占庭服饰中特有装饰物，位于帕鲁达门托姆中间，图案通常具有一定的宗教色彩，有十字架形状、几何纹样等。

软皮子鞋

在意大利拉韦纳的圣维塔列教堂内壁玻璃镶嵌画中，女官们脚穿白色尖头软皮子鞋。

西奈山圣凯瑟琳神庙壁画

这幅壁画上的人物身穿的帕鲁达门托姆的面料图案是带有圆圈和圆点的几何纹样，证明几何纹样在当时是常见的。

女官玻璃镶嵌画

女官的服饰和男子的服饰基本差不多，内穿紧袖的白色丘尼卡，外穿白色几何纹样的帕鲁达门托姆，丘尼卡的肩部和下摆处也有几何纹样的赛葛门太。

◎ 图13-45　拜占庭女官服饰推定复原效果图

助祭者玻璃镶嵌画

助祭者穿着宽大的白色达尔玛提卡，达尔玛提卡的克拉比是红紫色的。

克拉比面料

克拉比上的暗红色带着十字纹样，具有宗教意义。

软皮子鞋

在意大利拉韦纳的圣维塔列教堂内壁玻璃镶嵌画中，助祭者脚穿深色和白色拼接的软皮子鞋。

达尔玛提卡

达尔玛提卡是一种没有性别区分的领口挖洞贯头式常服，从肩部到下摆装饰着名叫克拉比的两条红紫色的条饰。克拉比初期带有宗教意义，后来仅作为装饰。

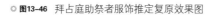

◎ **图13-46** 拜占庭助祭者服饰推定复原效果图

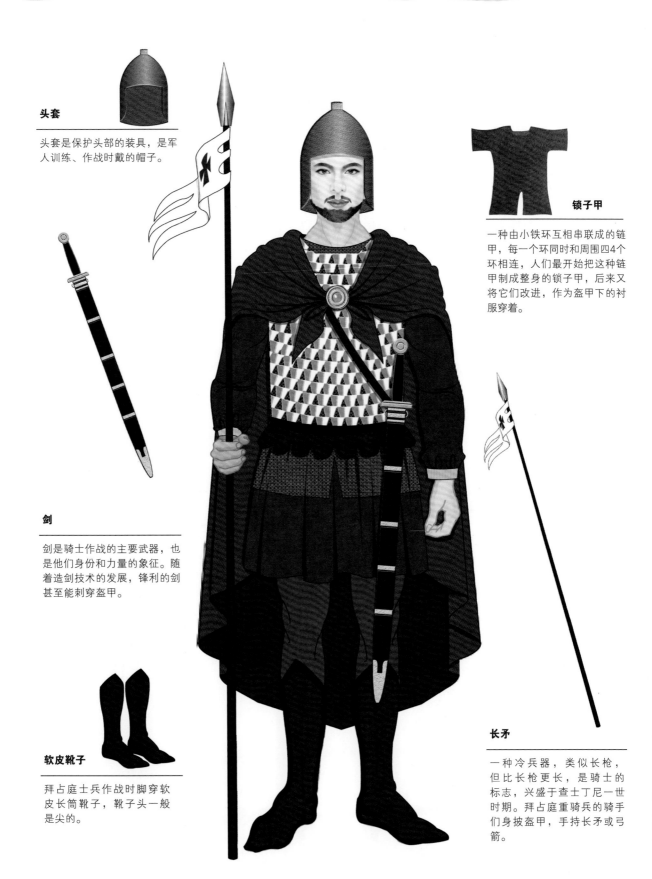

头套

头套是保护头部的装具，是军人训练、作战时戴的帽子。

锁子甲

一种由小铁环互相串联成的链甲，每一个环同时和周围四4个环相连，人们最开始把这种链甲制成整身的锁子甲，后来又将它们改进，作为盔甲下的衬服穿着。

剑

剑是骑士作战的主要武器，也是他们身份和力量的象征。随着造剑技术的发展，锋利的剑甚至能刺穿盔甲。

软皮靴子

拜占庭士兵作战时脚穿软皮长筒靴子，靴子头一般是尖的。

长矛

一种冷兵器，类似长枪，但比长枪更长，是骑士的标志，兴盛于查士丁尼一世时期。拜占庭重骑兵的骑手们身披盔甲，手持长矛或弓箭。

◎ **图13-47** 拜占庭士兵服饰推定复原效果图

参考文献

［1］葛定华.拜占庭帝国［M］.北京：商务印书馆，1982.

［2］桑珊，刘娟.拜占庭服饰初探［J］.山东纺织经济，2015（12）.

［3］（英）哈里斯.纺织史［M］汕头.李国庆，孙韵雪，宋燕青等，译.汕头市：汕头大学出版社，2011.

［4］李当岐.西洋服装史［M］.北京：高等教育出版社，2015.

［5］翟文明.人一生要知道的100幅世界名画［M］.北京：中国和平出版社，2006.

［6］宋宏.西方服装史［M］.北京：中国纺织出版社，2008.

［7］张怡庄，蓝素明.纤维艺术史［M］.北京：清华大学出版社，2006.

［8］（美）时代一生活图书公司 兴盛与阴谋·拜占庭帝国（公元330—1453）［M］.张晓博，译.济南：山东画报出版社，北京：中国建筑工业出版社，2001.

［9］要彬.西方工艺美术史［M］.天津：天津人民出版社，2006.

［10］徐家玲.早期拜占庭和查士丁尼时代研究［M］.吉林：东北师范大学出版社，1998.

［11］张芝联，齐学荣.世界历史地图册［M］.北京：中国地图出版社，2002.